醒來！

教你得到
睡眠

彼得・史波克——著
呂以榮、李雪媛——譯

Wa!ke up!

by Peter Spork

Aufbruch in eine ausgeschlafene Gesellschaft

獻給我家的三隻貓頭鷹

我如今匆匆略過許多事，更迫切地去找尋掌握幸福的源頭。這是我昔日一直推拖而未盡之任務。

——馬塞爾．普魯斯特《追憶逝水年華》

目次

〈推薦序〉
生活實用化的時間生物學

周卓煇教授

小時候愛玩，總以為睡覺是在浪費生命！現在才知道，連續幾天不睡會沒命，長期睡太少、太差會短命……

原本以為光代表光明，殊不知，它也有黑暗面，尤其是用錯誤的時候；現在知道了，用錯光，用錯時間，光會從良藥變毒……

誰喜歡暗黑？結果，暗黑竟然有它的光明面；原來，入夜之後，身體也忙得很，忙著清除體內、腦內毒素，一天下來所製造、累積的毒素；排毒之外，更是忙著修修補補，修補壞損的外在皮膚，修補壞損的內在血管細胞……等等等等。

從在ＩＢＭ研究中心到清華大學，從事研究工作至今三十三年以來，一直發現，許多科技產品，有一好，卻也有一壞；其中，跟我們現代生活息息相關的「電燈」與「3C」，竟然也會「傷眼」和「傷身」。

最為震撼的，還是〈現代世界電燈引發的乳癌與節律破壞〉，這一篇發表在二〇一四年《臨床醫師癌症期刊》的綜述，文中說到：長期的電子「夜光」曝照或是輪班，除了失眠，還會引起肥胖、第二型糖尿病、心血管疾病，甚至會造成乳癌與攝護腺癌等罹患率的攀升；正呼應本書的第二章：「再暗一點」，以及第五章：「終結輪班制」。

不好的「人造夜光」固然有害；但是，白天的白光卻會對人體有益；譬如，它可以啟動人的生理時鐘，要不然，日子久了，身體真的會失準、「走鐘」；譬如，它可以刺激「醒來激素─可體松」的分泌，讓人有精神，去除冬日永夜所帶來的憂鬱；從「光的管理」來看，知道如何「擁抱暗黑」，可以讓人健康有八十分的話，知道如何「清晨照光」，可以讓人健康再加二十成一百分；本書開頭的第一章：「再亮一點」，就是要告訴我們這件事；這一章為什麼重要？因為，我們待室內的時間太長了，室內的光線，又太暗了；因此，作者要告訴我們：「再亮一點」。

但是，太亮的看書、辦公燈光，看太久會傷眼；也是因此，作者要建議我們：「白天多出門」。

台灣讀者也會喜歡這本書第七章幾個有趣的論點，像是「午休」、「自我關機（閉目養神）」；他舉了一個例子說明有午睡習慣的好處，那就是心肌梗塞風險較小。

在美國等地方，有所謂的日光節約時間（Daylight saving time），這是一個令人感到厭惡的「陋規」；在進到夏令的某一天，突然的，你要早一個小時醒來，提早一個小時去上班、上學，而此時，天色還是有點暗，你的人還是很睏；這一點，證明有些人、有些制度是極其愚蠢的；這也是為什麼作者用了一章（第四章）來呼籲：「趕快取消夏令時間」。

「時間生物學」高深難懂，不見得人人都需要知道其學理；但是，作者努力將它「生活化」、「實用化」，讓我們知道，它跟我們的健康，密切相關；每一章的結尾，就一句話，是個提醒，照做有福。

〈推薦序〉

祝你好夢的睡眠科學知識

吳家碩臨床心理師
好夢心理治療所執行長

這是一本涵蓋三個時間向度的睡眠書。

以科學實證為基礎的過去式

一拿到書，讀起來就特別喜歡，因為書中提到許多研究及臨床觀察，這個角度就我所謂的「過去式」：累積及陳述過往大大小小的睡眠醫療研究，也很符合我一直以來在醫學機構的閱讀習慣和工作模式。凡事用證據說話可以稱為「科學實證」，我覺得這一點在現今資訊爆炸的醫療環境下更是需要，民眾才知道自己接受到的睡眠知識有強大的醫療支持。作者彼得・史波克以充實的內容，無庸置疑展現這些科學實證。所以，各位讀者可以很有信心地看這本書！

當然，為了消化這些知識，你可能覺得閱讀速度變慢。但沒關係，我會分享閱讀此書的小技巧，想必可以加速大家吸收此書滿滿的知識。其實也不是什麼私人技巧，因為讀到最後會發現作者也這麼建議。

以臨床實務為祕笈的現在式

更吸引我的地方是文中的「八項 Wake up! 計畫」。書裡針對生理時鐘細分了八個向度去談，除了豐富的科學實證外，還給了對應且符合的計畫。之所以吸引我，是因為計畫非常仔細且實用，很符合我在臨床上所採用的失眠非藥物治療，即認知行為治療法的核心概念和執行立場。認知行為治療法最重要的一個步驟，就是希望接受治療的失眠者遵守我們共同討論和擬定的「行為建議」和「想法調整」，通常在這個時候，我會在睡眠日誌寫下治療期間的「回家作業」，而也有研究指出，具體的「回家作業」有助於失眠者的遵守意願和執行程度。每章最後一部分都提出了睡眠相關建議，我覺得是非常符合臨床實務的祕笈！

所以，如果你沒時間閱讀整本書，我會建議（作者也是這麼建議）至少翻閱各章最後「Wake up! 計畫」，對你會有很大的幫助。再來，如果你想知道這些建議的背後證據，再回頭去細看前面所寫的科學實證。

以美好將來為建言的未來式

第三個時間向度隱藏在書中的細節裡，是作者帶有遠見的理想未來，也符合我一直以來在各學會、醫療單位、社區等各機構組織，或是針對失眠者、睡眠障礙者及一般民眾所提倡的睡眠衛生教育及睡眠管理原則。如果大家願意遵守這些建議，也許我們的未來會因為美好睡眠而有很大的改變。這不只是作者，也是我的期盼。這些建言以睡眠為核心，有給學校及師長各階段學生上學時間及上課天數的建言、公司職員白天午睡及休息安排的建言、輪班組織如何輪班及睡眠管理的建言、醫療機構設立更多睡眠實驗室與睡眠醫學專業訓練的建言，更有給政府工作制度及工作時間上的建言。

這些建言執行起來也許耗時，更可能需要不少經費，但我看完此書，覺得這些建言很具前瞻性，雖然現在看來難度不小，但我們處在一個不斷進化的時代，改善睡眠的建言也許在日後不久都有可能落實。像是給企業的建言裡指出，「應當提供員工相關的放鬆練習課程，並規畫休息區域及從容用餐的午休時間」，目前來說這很合理也適合推廣。我現在與不少企業合作員工睡眠及心理教育訓練，在課程上也做如此建議，已有部分企業跟進，回饋的心得都表示對員工有正面效果，除了睡眠及情緒明顯改善外，也對工作效能及生活品質有好處。睡得好真的很重要！

這是一本涵蓋三個時間向度的睡眠書，也是十分吸引我的睡眠好書，希望大家可以一起從不同時間向度擁有這本書，享受滿是科學實證的睡眠科普知識，透過具體的「Wake up! 計畫」做睡眠管理，從今天起就執行「Wake up! 計畫」，一同期待擁有美好睡眠的社會與世界的嶄新模樣。

祝好夢。

導論

過勞的現代人

喪失時間感

雖然中歐人民的生活變得前所未有的優越，平均壽命持續攀升，環境汙染日益減少，食物品質提高，人們勤於運動鍛鍊體能，醫療科技也趨近完善，但多數人卻覺得自己的健康每況愈下。

輕微頭痛、腹痛、睡眠欠佳等林林總總的小毛病通常都找不出病因。這說服人們更加相信：自己罹患了現代病，因為自己不舒服的症狀和現代文明病的病徵幾乎完全相同。麩質不耐症、果糖或乳糖不耐症就是近來特別流行的文明病。另外，許多人也擔心蔬菜的農藥殘存問題以及肉類的抗生素殘存問題，憂慮電磁波汙染，並擔憂基改科技帶來的不良影響。

二〇一四年三月《南德意志報》刊登了一篇我同事赫曼教授（Sebastian Herrmann）的精采文章。他提到，眾人的擔憂當然都不假，都是「其來有自」。但多數案例或許只是個案，源自於個人對自己身體症狀的擔心，卻高估了其中的真正風險。赫曼教授一針見血地指出：「天然的圖像被扭曲了，它的反面卻占盡優勢。」

天然就是夯。愈來愈多人只購買貼著「天然」或「有機」標籤的食物。幾乎所有政黨皆利用生態議題來替自己加分。當今最重要的風潮之一即在於「回歸自然」。這股對於天然食物的偏愛卻衍生出奇怪的結果，那就是：只要食物包裝上面掛著閃亮的「天然ㄟ尚好」的有機標籤，那麼一切就天下太平了。但試問，麩質也是天然成分，為什麼眾人卻迷信「無麩質食物」能夠改善身體症狀呢？一直到目前為止，科學研究依然無法證實有機天然食物具有健康促進效果（並有益社會）。

在時間管理方面，現代人卻很難做到「回歸自然」。許多人的生活完全違背自然，甚至「反其道而行」。例如生活日夜顛倒，不重視當令，不依循四季的自然更迭。愈來愈多證據顯示：違反自然規律，後果勢必不堪設想。

例如：當身體需要休息的時候，我們卻希望它衝鋒上陣；身體狀況最巔峰的時候，我們卻放緩步調準備休息。身體尚未啟動消化功能，我們卻開始用餐。吞進去的藥丸總是利多於弊。身體需要光線時，我們關燈睡覺；身體需要黑暗時，我們開燈工作。對於身體的休息需求，我們總是不屑一顧。簡而言之，我們早已遺忘如何隨著自然節律過生活。

這讓我們變得肥胖、經常生病、體力變差、思考能力下降、容易被感染、學習能力差、反應力及專注力下降、缺乏創造力、容易被激怒、缺少對生命的喜悅，甚至罹患憂鬱症。

這本書希望能夠力挽狂瀾。藉助睡眠研究以及與「生理時鐘」有關的時間生物學（Chronobiologie）知識，研擬出一整套關於日常生活的應用計畫，並期待藉以具體改變政府政策及企業決策。因為當你我的生活步調違反自然的生理節律的時候，不僅會讓百病叢生，亦容易導致精神疾病。我們不能讓這種情況繼續下去。

你我可以學習，依據人體生理模式來「與時間共生息」。現代科學研究可以提供我們恰當的方法。

「與時間共生息」談的並非加速生活步調及休閒。當今社會裡，憂鬱症、行為問題、上癮問題或人格障礙的罹病率激增，一部分的原因來自於醫師、媒體及病患對這類疾病的覺察能力愈來愈敏銳了。另一方面，專家所謂的「精神心理壓力」真的讓現代人的生活持續高速變動，也持續放大職場負荷。長久以來，精神心理壓力被認為是慢性病以及提早退休的主要原因。

不論生活速度具體指的是什麼，它就像電磁波或是非有機飲食，很難確定它們的具體影響。生活忙亂感可能來自於臨時的行程異動，並非來自於整體的生活步調加速。但是，忙亂感或許和自然節律有關。

若能順應自然，做好時間管理，即可讓人不再忙亂，能夠重新面對壓力。知易行難，這究竟該如何做呢？建議大家，切勿只是制式地分割工作與休息時間；工作步調最好是能夠配合個人的生理節律，並將困難的工作任務平均分配在一天裡的各個時段。早上時段裡，常去戶外走走，呼吸新鮮空氣，曬曬太陽；晚上時段則早早下班，並減少工作量；縮減整體工作時數。不將上班地點侷限在辦公室裡，亦可在家工作或在戶外工作；如果在家工作，請留意不被過度壓榨。實踐上述時間管理策略，不僅效果好，更是順應自然。

我也重視「自然」這個流行詞彙，原因卻跟大家不同。我發現，社會大眾在身體及生活節律方面傾向於「不自然」，傾向於認為自己不受自然生物法則約束，輕忽身體警訊，行為依然故我。多數人完全無視自己的「時間節律類型」，同時也忽略一項事實：各時間節律類型者的活躍時段及疲倦時段其實大不相同。多數人認為長期缺乏睡眠的問題並不算嚴重。下班後能夠玩久一點，遠比準時上床休息來得更加重要。雖然自己的生理節律及能力表現皆已降至谷底，卻仍然努力保持清醒。這些現象早已成為常態。

在這些日常狀況下，真正的「回歸自然」乃在於：瞭解作息的晝夜差異，瞭解休息與活躍的不同，並明瞭個人與生俱來應有的生活節律。唯有做到這一步，方可好好地投資自己的健康。這絕對不是小題大做。

與時間共生息

在企業方面，雇主並不重視員工的自然生物節律。在國家政策方面，老掉牙的夏令時間規定強迫我們違背生理時鐘生活好幾個月。至於個人呢？也早就忘記了對於健康生活作息型態的時間感。

在工業時代及服務業主導的社會裡，不論是在個人方面，還是在政策及勞工權益方面，一般人的作息時間規劃事實上完全與科學研究結果背道而馳。這真讓人倍感訝異，因為身體明明就清楚自己什麼時候應該工作、睡覺、運動和偷懶，而且應該各需要多長時間。現代人逐漸找不到這些訊息的入口。這也說明了：為何在科學家逐步發現時間生物學的奧祕之後，我們的社會卻始終無法落實順應自然節律的時間管理方式。

請開始聆聽科學的建議：「與時間共生息」。

每個細胞都有內部時鐘，並和其他細胞一起協調時間。最後，靠著節律將整個人體組織起來。亦即，每個器官、每項動機、每項人體生理訊號都隨著週期而循環。並且，大自然晝夜交替等外在節律也會影響人類，針對個人的內在生理節律進行校正與調整。

但是，現代人愈來愈無法完成這種校正。因為上下班時間、上下課時間、休閒時間都是固定的。這些規定直接控制著你我的日常生活，但它們完全違反生物本身和諧的生理節律。多數人都察覺出這些規定不太對勁，有些人甚至出現長期失眠、內在節律失衡等嚴重後果，甚至開始生病。而且壓力一旦變大，容易誘發兒童出現過動症狀，並導致成年人罹患過勞、憂鬱、睡眠障礙或上癮等精神疾病。同時，精神與心理失調也會提高糖尿病、肥胖、癌症與心肌梗塞等疾病的罹病風險，亦即導致人們出現健康問題。

時間生物學研究出理想的人類生活節律，以及遵循自然節律的優點。經過媒體報導之後，社會大眾可能開始遵守其中一些簡單瑣碎的建議，但並非全面身體力行完整的時間生物學理念。

本書將提供您詳細及盡可能具體的建議。在章節結構方面，每章分為三節。第一節首先介紹時間生物學之核心概念以及最新的科學發現。第二節則延續介紹當下社會現況，以及與時間生物學研究結果之牴觸實例。第三節則依據科學發現提出解決建議，以供各界討論。

大家並不需要像奴隸一般地遵守「Wake up! 計畫」的各項原則。「每週上班四天計畫」或「每週三十小時總工時計畫」等建議可能過於烏托邦。有些規定的發球權則掌握在企業主及政府部門手上。另外的一些原則可能在數年內仍會被視為過於保守，太過激進，或完全不正確。

時間生物學的應用不宜過於教條化。內在生理時鐘包容力大，是靈活且有彈性的。只是目前社會裡一日二十四小時的生活作息規範完全違反生理自然的時間感。這必須有所改變。

當然我還不至於天真地相信，社會大眾都能全力貫徹這項計畫。但讀者若能從各章當中找出適合自己的建議，本書的目的就達成了。生活上林林總總微小的變化加總起來，積少成多，效果並不比激進的一次改變來得差。例如：如果大家放棄使用鬧鐘，那麼夏令時間的規定就不會造成生活困擾。未來我們可能無法偷懶賴床，暢所欲「睡」。而且如果大家白天裡都能長時間待在戶外，那麼人與人之間生理時鐘節律的差別便將消失殆盡，也就不需要額外去遵守時間生物學的發現了。

這本書希望引發諸位集思廣益。透過範圍寬廣的深度討論，大步邁向「睡眠充足的社會」。

贏得時間

在生活中，睡眠與清醒同等重要。睡眠時，人體如同清醒階段裡一般活躍，消耗近乎等量的能量，並且執行重要的生理與精神任務。長期睡眠不足的後果就是：無精打采沒體力、表現變差、耗損，積年累月後就容易生病。

違反內在生理時鐘會消耗體內重要的能量存摺，並破壞新陳代謝平衡。積年累月的輪班工作者就是最明顯的例子。科學證實：日夜輪班制會提高罹病風險並減少壽命。

關於輪班制的影響，大家或許早有耳聞。瑞士聖嘉倫糖尿病專家舒特斯教授（Bernd Schultes）最近在頂級的《刺胳針：糖尿病與內分泌學期刊》（*Lancet Diabetes & Endocrinology*）發表指出：醫師應該囑咐病患強化睡眠，以預防及治療新陳代謝疾病。因為醫界愈來愈認為：睡眠不足「會對人體新陳代謝造成額外的負面影響」。持續忽略內在生理節律、忽略自己的晝夜作息時間，將更有害健康。

然而政府並無意修改政策，企業也缺乏負責的領導與創新勇氣。

雖然社會大眾希望廢除夏令時間規定，但它依然存在。為了配合父母世代的上班時間，孩童的上學時間必須配套提早。難道成人的時間安排遠比孩童的幸福還要來得重要嗎？在勞動議題方面，輪班制及夜班工作不減反增。排班的時候，也絕對不會考量勞工的生理時鐘類型等等。以此類推。

多數人必須勉強自己早早起床，以便及時送學齡子女上學，並讓自己準時打卡上班。這樣做唯一的好處就是可以盡早下班。但是通常大家下班後都累癱了，根本無法好好享受。毫無疑問的是：目前僵化的時間結構規定根本不利於生產力。天生的「早起鳥兒」當然可以聞雞起舞開始工作。但大多數人早上都需要睡久一點，他們最佳的工作效率巔峰時段也會往後延一些。

為什麼不盡早做好疾病預防工作呢？何時才會真正有所行動，對抗睡眠不足的問題？為何不縮減工作時數，並加以適當調整？為什麼不提供輪班工作者較長的換班時間，並依班表時段調整薪水？這才是勞工朋友們最迫切需要的改革。

短期來看，推動這些改革的確需要經費。長期來看，這份投資絕對值回票價。不論是在蘇黎世、維也納，或是柏林，你我生活在世界上最富裕的國度裡。我們絕對有能力翻轉社會，讓它成為睡眠充足的社會。這麼做，有朝一日還有紅利回饋，因為社會將會變得更加健康，眾人的能力表現及工作效率將更向上提升，並泉湧出更多創造力。

早上睡到飽、睡到自然醒，之後去散散步、買買菜或做些家事，晚一點才精神奕奕並且帶著好心情出現在辦公室。只完成最要緊的工作，或許再開個會。然後帶走剩下的工作，找間咖啡廳，在公園草地上或自家花園裡輕鬆完成工作。對於許多人而言，這樣的工作型態有助於降低工作壓力，讓人不再長期害怕烏雲罩頂的沉重壓力。因為徹底切割工作領域與私領域，或許並非全然有益。

依照上述做法，我們可以增加在戶外的停留時間。這表示：我們在白天裡吸收的自然光線會增多；晚上處於黑暗裡時間也會延長。這有助於讓人體內在的晝夜生理節律變得既自然又健康。因為時間管理欠佳所導致的問題，即可不費吹灰之力迎刃而解。

這是癡人說夢嗎？非也，這是烏托邦。也是正確的作法。因為只有在工作效率的高峰時段，人們才有產能表現；這才是應該工作上班的時段。另外，員工應當有權提出自己迫切需要的休息及睡眠時段。如此，方可營造個人家庭、企業與國家的三贏局面。

個人化工作時段與分配的原則，當然無法落實在每個領域。這需要詳加規範，避免企業剝削或強迫員工。近年來，某些現代化大型企業已經開始衡量此事，並與工會聯手推動時間生物學理念。

建議大家閱讀下列幾本關於時間生物學與睡眠研究的好書，包括：德國時間生物學權威羅納保教授（Till Roenneberg）撰寫的《我們的節律》（*Wie wir ticken*）。以及我個人曾經發表過的兩本書，不過這兩本書並未詳談時間生物學的應用建議。

過去幾年裡，許多憂心忡忡的讀者寫信詢問我，如何才能將時間生物學知識應用於日常生活當中。透過多場演講討論，我發現很多市民、企業主、政治家、教師以及研究人員都希望能夠應用這些重要的科學新知，並且改變目前社會上常見的生活步調。實務應用，不正是科學研究的目的嗎？

於是，撰寫此書的動機油然而生。主要目的在於喚醒眾人對於時間生物學的興趣，並且更希望鼓勵大家和我們共同攜手打造一個睡眠充足的社會。

此書將一一說明，讓這場轉變成功的方法。

第1章
再亮一點！

身體由何得知時間？

你有過這樣的經驗嗎？一早醒來，回想著剛剛的夢境，翻身打個大哈欠、揉揉眼睛、瞄一下鬧鐘。說時遲那時快，鬧鐘就響了。尤其在必須特別早起的日子裡，許多人都有類似的經驗。

這是超能力嗎？當然不是。這是與生俱來的一種能力，是一種「第七感」，連不認識鬧鐘的老祖宗也擁有這種持續存在於下意識層面裡的「時間感」。現今社會強調表現優異及能力成長，若想達標必須付出努力與心力。只要懂得駕馭時間感，即可更加有效地規劃生活，提升體能，提高工作效率，並讓自己更加健康快樂。

人體自然而然知道自己的起床時間，不需要意識層面的叮嚀協助。醒過來之前兩小時，間腦（由視丘及下視丘組成）就已經開始活躍。間腦主宰思考，而「一日之計」就從間腦的核心結構開始。時間感指揮中心命令神經細胞釋放所謂的「促腎上腺皮質素釋放激素」（簡稱CRH）。在睡夢中的我們，完全不知道身體正在生成分泌荷爾蒙。但是，人們在睡覺前通常都會先考慮一下隔天的起床時間；這個思考規劃的動作，帶動身體做出下意識的配套反應。間腦釋放出的訊息物質很快地抵達腦下垂體，命令腦下垂體立刻分泌「促腎上腺皮質素」（Adrenocorticotropin）。後者藉由血液抵達腎上腺皮質，促成腎上腺皮質醇（Cortisol）的分泌。腎上腺皮質醇也就是大家耳熟能詳的「壓力荷爾蒙」。

這是大腦命令身體準備慢慢甦醒過來的最後一個訊號，於是我們的血壓及心跳開始上升，開始分泌肝醣提供能量，讓睡眼惺忪的我們有力氣走進浴室刷牙洗臉。並且，身體也會加速啟動肌肉的血液循環，以便將葡萄糖運送至身體各部位。在睡眠時期裡相當活躍的免疫系統則逐漸緩慢下來。不論有沒有睡飽，尚且迷迷糊糊的神智會收到上述這些訊號，然後準時醒過來。

十多年前，德國圖賓根大學著名的腦神經學家柏恩教授（Jan Born）便已揭開這項睡眠與甦醒系統的祕密。當年他的研究團隊邀請受試者至實驗室過夜，並告知他們分別可睡至隔日早上六點或九點。

研究者分別準時或提早叫醒這兩組受試者。結果顯示：準時被叫醒的那一組，體內的荷爾蒙系統已經在為甦醒做準備。以為自己可以睡到九點卻被提早叫醒的另一組受試者，體內的荷爾蒙系統尚未啟動，所以他們根本不知道鬧鐘快響了。

二十世紀初相信生理時鐘理論的追隨者常被視為瘋子或怪咖。反對這項理論的人提問：「內在的生理時鐘究竟如何運作呢？在解剖大體時，為什麼從未發現過齒輪、鐘面及鐘擺？」

後來，這些諷刺聲浪因為相關實驗結果而逐漸減小。首先在一九三八年六月四日至七月六日之間，芝加哥大學的克萊曼教授（Nathaniel Kleitman）及助手理查森（Bruce Richardson）進行肯德基猛獁象洞實驗。研究者兩人住在地下洞穴裡，與世隔絕，既無外來訊息亦無手錶。他們點著燈籠。不論任何時間，只要他們點餐，就由旅館送餐。結果顯示：他們的作息間隔相當規律，幾乎在固定時間裡入睡與起床。在將近一個月的實驗裡，他們的晝夜作息的時間數雖然有長有短，卻毫無疑問地依循著接近一天二十四小時的直覺節奏。

後續其他實驗亦證實上述研究結果。例如：一九六二年，法國科學家西佛（Michel Siffre）在洞穴裡生活了兩個月。在沒有鐘錶的條件下，他也維持住自己的生活節奏，不過他的一天大約長達四十八小時。一九七二年，西佛獲得美國太空總署的資助，在德州的午夜洞穴裡住了二〇五天。美國太空總署希望藉該實驗結果來研究太空飛行。西佛的穴居實驗長度紀錄迄今無人能出其右。

一九六〇年代中期，德國生理學家艾許夫（Jürgen Aschoff）及維佛（Rütger Wever）開始有系統的研究生理時鐘現象。他們在巴伐利亞邦的安德希斯（Andechs）蓋了一個類似防空洞的地底實驗室，緊接著進行舉世聞名、為期數年之久的「防空洞實驗」。完全隔絕聲音的地底實驗室裡，受試者整整被隔離一個月，僅僅沉浸在個人的時間感裡面。

這項實驗強調完全隔離的重要性。研究者甚至控制水龍頭的水壓，避免受試者透過水量大小揣測外界時間。

防空洞實驗結果證實：人類擁有自行運作的內在時鐘，能夠自行測量時間。依據人類的生理時鐘，清醒與睡眠的晝夜週期多半是二十五小時，而不是常態規定的二十四小時。因此，人體生理時鐘感覺的一個月時間通常會比地球自轉的一個月時間多出一兩天。大多數受試者都會認為實驗應該已經結束了，因為他們的時間感比實際的時間來得快。

對於這種「不精確」，科學家首先並不引以為意。相反的，他們認為：生物系統是活的，不是死死板板的，因此不盡然完全精確。生物系統必須能夠變通而且迅速適應持續變化的環境，敏銳的配合從環境而來的訊號。否則，人類如何能夠適應不同時區裡的生活？又如何能夠應付四季晝夜長短的變化？

艾許夫及維佛兩位科學家當年的粗略發現，迄今依然正確，亦即：人類內在的生理時鐘呈現自發式「晝夜節律」，但並不完全精確。現代科學則發現：人類不僅擁有一個生理時鐘，而是擁有上兆個內在時鐘。依據理論，每個細胞都是自己的時鐘。它們會自然而然地彼此協調配合。被隔離的受試者平均一天的長度是二十四小時又二十分鐘。但請記住，這是在完全切斷外界時間訊息、完全沒有鐘錶的隔離實驗狀態下的數據。

平常生活中，人類的時間感精確許多。總是能夠不自覺地感知出精準的時間。為什麼呢？因為人體內的生理時鐘會持續利用環境中的時間線索來自我校正。最明顯的證據就是：在鬧鐘鈴響之前，我們會先醒過來。而且，覺得飢腸轆轆或是覺得疲憊的時間通常都是固定的。

內在生理時鐘與外在環境一起聯手，打造出既精確又具適應力的時間測量系統。地球存在已超過四十五億年，生物也有三十五億年的演化歷史。在漫長的演化歷程當中，人類得以建構並且優化這個內在的時間測量系統。

在人類與蒼蠅共同祖先存在的遠古時代裡，人類已經發展出生理時鐘機制。這點已獲得科學證實（真的，人類細胞內的生理時鐘與蒼蠅調控生理時鐘的蛋白質有親戚關係）。大自然似已琢磨許久，希望能夠藉由生物學機制來預告地球上的重要節律，例如生物體內會出現訊號來預告夜盡天明、預告下一季冬日、預告潮汐即將到來。原始藍綠菌是所有生命的起源，它已擁有生理時間測量機制。

但是，演化歷程相當緩慢。現代人的生理時鐘和石器時代人類的生理時鐘幾乎毫無差別；但和從前相比，現代人的生活型態卻出現了極大的變化。這項落差強烈地影響著現代人的身心安頓（幸福感）、能力表現與健康狀況。

針對這項困境，本書將加以詳述。這同時也是促成寫作本書的主因。

「中央時鐘」：時間感的核心

真棒！又是假日了！早上不用鬧鐘，可以睡到自然醒。享受一頓豐盛的早餐，打兩小時網球，看幾頁雜誌。結束輕食午餐後，可以在海灘上散散步，游個小泳，做個日光浴，再翻一下雜誌。返回旅館，享受晚餐美宴。然後靜靜坐在陽台上。然後呢？當然是疲倦地倒頭呼呼大睡。太讚囉！

放假時，我們總是睡得特別香甜。這很常見。度假期間裡，我們常常提早覺得精疲力竭，睡得比較沉，夜裡不會醒來，隔日清晨則覺得比較神清氣爽。問起原因，大家總是異口同聲地說，這是因為沒有上班壓力，或是因為在戶外活動呼吸了許多新鮮空氣。當然，這兩項說法都有道理。

但還有第三點原因，雖然大家甚少提起這個理由。那就是：度假期間裡接觸到白晝的光線數量。在花園裡享用早餐、健行、滑雪、划船或做日光浴，有助於穩定及強化人體內在的時間測量機制。結果就是讓人在白天裡更加精神奕奕，晚上則感到倦意提早襲來，睡得更沉，早上提早醒過來。科學已經證實白晝光線與睡眠行為之間的關聯。

為了更進一步明瞭上述關聯，首先我們必須先了解一些近年來的相關科學研究。尤其是二〇〇二年裡的一系列研究已經釐清了一項重點，亦即：人體內數以兆計的內在小時鐘與外界環境裡的時間線索訊息會達成所謂的「同步化」。

二〇〇二年裡，許多國際科研團隊在短短數個月當中紛紛發表相關的研究結果。其中最厲害的一篇論文登上了《科學》雜誌；該項研究證實了在人類的視網膜上面存在著尚未被發現的感光細胞。科學家將之命名為「內在光敏視網膜神經節細胞」（Intrinsically photosensitive retinal ganglion cells，縮寫為ipRGCs）。這些細胞含有「黑視蛋白」（Melanopsin），因此被簡稱為「黑視蛋白細胞」。

請先記得「黑視蛋白」。白晝光線的強度會影響黑視蛋白，令其產生變化。感光細胞會先測量黑視蛋白的變化，然後再將訊息傳遞至腦部。生物學之前認為：人類視網膜上面存在著兩大類的感光細胞，分別為視錐細胞及視桿細胞。前者功能在於分辨顏色，後者則可分辨明暗差異。兩者皆可感受極小光點，反應速度在百分之幾秒的範圍內。兩類感光細胞充分合作，協助腦部能夠清晰地處理移動中的影像。

「黑視蛋白細胞」的任務又是什麼呢？這類細胞分布在視網膜上面，可吸收大範圍光譜的光線，而且能夠長時間吸收光線，主要目的在於測量進入眼睛光線的平均亮度，然後進行訊息之間的傳遞，例如黑視蛋白細胞會將光線很亮的訊息送至大腦，然後由大腦下令調節瞳孔縮放。

黑視蛋白細胞傳達的訊息，正是人體生理時鐘所需要的訊息。黑視蛋白細胞在白天很活躍；傍晚時活動度降低；深夜時，黑視蛋白細胞完全靜止活動。黑視蛋白細胞的感光接受器會直接將這些訊息傳送至腦部。

訊息會被傳送至間腦。間腦的位置在哪裡呢？若以食指插進鼻根，向上往頭部方向即可抵達對稱緊鄰的兩半結構，其上布滿神經元。在「視神經交叉」（Optic chiasm）的正上方有一顆米粒般大小的橢圓形神經節，就是所謂的「上視神經交叉核」（Suprachiasmatic Nuclei），簡稱為 SCN。SCN 約擁有兩萬個神經元；數目雖少，權限卻大。

每個 SCN 細胞裡都有滴滴答答勤勞走動的內在時鐘，而且內在時鐘和其他周邊生理時鐘之間乃透過生物化學訊息連結在一起。於是它們組成了一支擁兵兩萬的大軍，不僅強有力而且同步行動。它們共同掌管人體內在的生理節律，也就是掌管時間感的指揮總部，亦即所謂的「中央時鐘」（master-clock）。

中央時鐘的任務就是向全身所有的細胞下達一致化的時間指令。指令會指明時段，究竟當下是早晨、中午、晚上或是深夜。轉換成身體的語言就是：現在你的身體應該吃飯、運動、成長、自癒、美肌、充滿創意、特別心思細膩；或者你的身體現在應該好好消化食物、打個小盹、上床睡覺。

執行個人化作息任務時，中央時鐘擁有完全的主導權。中央時鐘決定我們何時能夠獲取能量、活力滿載、發揮體能、釋放荷爾蒙，然後何時慢慢降載。中央時鐘細胞分別掌管約兩百種人體內各式各樣類型的組織。依照組織管轄區域的不同，中央時鐘會在特定時間內進行特定的生理方案。

上視神經交叉核（簡稱 SCN）會針對作息做出調整。並針對同一類型組織的生理節律進行同步化。除此之外，SCN 還掌管器官之間的節律配合。這有助於維持健康的新陳代謝功能，讓各部位只有在被需要的時候才會積極地動起來。

SCN 透過神經元傳送訊號至許多重要的腦部區域，促進腦部釋放例如叫人起床的「促腎上腺皮質素釋素」（簡稱 CRH），或是促進松果體分泌「黑暗荷爾蒙」褪黑激素（Melatonin）等訊號成分。不僅如此，中央時鐘還能夠調節人體體溫並掌管若干器官功能。在意識層面，人類無法察覺體內的這些生理作用過程。至於不受中央時鐘直接掌管的化外之地，則會間接收到由 SCN 調節的節律週期變化訊號，間接透過荷爾蒙或體溫變化來形成內在的時間感。

夜間核心體溫下降，讓人覺得疲乏且睡意襲來。這時候泡泡腳、冷熱交替泡，穿雙溫暖的襪子，或是做些伸展放鬆動作，皆有助於提高四肢的血液循環。之後，身體透過皮膚釋放熱量，降低核心體溫，強化生理時鐘訊號，告訴大腦說「該睡覺了」，協助人們進入睡眠狀態。位於間腦的中央時鐘，就是體內時間與外界時間的交會處。視網膜上的黑視蛋白細胞持續傳送訊號至中央時鐘，俾使中央時鐘得以持續了解光線亮度訊息。或許 SCN 認為當下已是夜晚了，但由於眼睛仍從外在環境裡接收著大量的光線，這時 SCN 會調慢內在時鐘。相反的，如果視網膜沒有收到光線訊號，雖然外在時間是下午，但中央時鐘會加速內在時間感，讓身體覺得夜已深沉。

如果中央時鐘指著中午，而我們選擇在午餐過後出門散步，那麼白晝光線的情況就和中央時鐘的節律相互吻合；中央時鐘就不需要特別加速或減慢。SCN 的晝夜節律獲得確認，更得以繼續努力，釋放出更強的生理晝夜訊號。此乃正向的生理反饋，同時有助於我們身心舒適。

度假時，我們直覺地遵守上述這個簡單卻重要的原則。事實上，平日作息就應當如此。我們的晝夜生活作息若與內在生理時鐘一致，則有助於預防疾病，有益身心，讓人長長久久體力充沛，享受優質人生。

本書希冀傳達這些特別重要的科學新知，並以此基礎建立「新時間文化」。

枯竭的時間感

黑視蛋白細胞和中央時鐘直接聯結在一起。這個聯結非常重要，因為它保證人體內在的時間感能與地球自轉同步，而且也保證全身所有細胞的時間感也能夠和地球自轉同步。從石器時代一直至十八世紀的農業社會時代，人們至少都一直維持這項準則。

然而在充斥著人工照明的現代社會裡，這項生理機制的運作變得格外困難。許多辦公室及教室的燈光並不充足；大家搭昏黃的地鐵上班；如果開車上班，車窗上則多半貼著暗色隔熱紙；午飯在室內餐廳解決；就連白天做運動，都待在健身房裡面。健身房甚至模擬慢跑、騎腳踏車及攀岩等情境，讓人不必到戶外運動。對視網膜上面的感光細胞而言，健身房的光線亮度遠遠比不上戶外黃昏的亮度。

好不容易出一趟門，人們因為認為白晝光線過於刺眼，所以會戴上一副嚇人的濾光眼鏡。我猜想，多數人的眼睛的確不再適應陽光的亮度，或者他們只是一味相信現代的護眼說法。

德國柏林聖海德維西醫院研究學者暨時間生物學家昆茲教授（Dieter Kunz）為了更深入了解此議題，請醫院睡眠實驗室研發專用的內鍵式光線感受器眼鏡，並要求十位神經內科病患佩戴這付特殊眼鏡生活四天。「既然光線對眼睛特別重要，那麼我們先試試去控制眼睛吸收光線的狀況。」實驗結果令人訝異。昆茲教授表示：「整整四天裡，受試者的眼睛接收到昏暗的光線，而且時間也不夠長。」

整段實驗過程中，受試者接觸到的光線平均每小時照度皆未超過五十勒克司（Lux），這大概就是一般客廳照明的亮度。但在戶外，陰沉冬日裡的白晝光線照度仍有兩千到三千五百勒克司；在晴朗的夏天裡，這個數值可升高至十萬勒克司。昆茲表示：「起先我們以為是實驗數據出錯了。」因為依照數據，這十位受試者等於在黑暗裡生活了四個整天。

許多人白天都待在室內，照明不夠充足。這一點，大家早就知道了。新的重點在於：眾人極少外出接觸自然光，即便在戶外也不會舉目望日。間腦裡的中央時鐘因此愈走愈疲憊，體內節律也就愈變愈慢。這將導致非常嚴重的後果。

我們對於時間的感覺正在慢慢枯竭。細胞及器官收到的節律訊號開始變得模糊不清，甚至模稜兩可。體內節律不再和諧，也愈來愈難與大自然的晝夜節律同步。

情況嚴重時，這將導致新陳代謝問題、肥胖、血管硬化或糖尿病風險；還可能出現消化障礙、皮膚疾病與情緒問題。更遑論睡眠障礙，連精神疾病罹患風險也大幅提高。

不僅只有時間生物學家認為，肥胖、第二型糖尿病、心肌梗塞、中風、癌症、新陳代謝症狀及憂鬱症等文明病與生活型態有關。其他例如許多精神醫學及內科醫學研究皆提出相同的看法，專家們一致認為：生理時鐘一旦失靈，新陳代謝及大腦功能就會失衡，進而導致身體罹患慢性疾病。

不論如何，解決之道很簡單。就是在日常生活當中，多接觸一些自然的白晝光線！

頭腦靈「光」：亮不亮有關係

二〇〇一年，德國經歷所謂的 PISA 震撼。經濟合作暨發展組織（OECD）發表了世界各國學生能力比較分析結果，亦即國際上赫赫有名的「國際學生能力評量計劃」（PISA）測驗結果。

德國一向自詡是教育大國，而且擁有優良的文化。但是二〇〇一年德國學生的 PISA 測驗結果在國際排行當中僅占中等之列，完全無法與泱泱文化大國的頭銜互相匹配，簡直就是國家夢魘。因此眾多學者、教育學家、政治人物、家長以及學生們都非常努力地希望扳回一城，重建當年倍受打擊的民族驕傲。眾人的努力終於有了回饋。之後，德國的PISA測驗成績平均每年提高一．五分。二〇一三年，德國學生的成績超越了國際平均，與加拿大及芬蘭等國並列前茅。這被視為德國PISA測驗的成功大躍進。

在十二年之間，德國學生的能力測驗結果進步了五至七個百分點。的確表現得可圈可點。但研究證實：只需要改善教室照明，就可以提高學生的成績表現。

這句話聽起來很簡單，事實上真的只需要增加經費添購新的照明設備，便可以有效大幅提升學生的能力表現。

長久以來，生理時鐘專家與兒童心理學家皆認為：明亮的教室燈源或許有助於穩定學生內在晝夜節律，提升其專注力與學業表現。針對這項議題，近年已進行許多系統化研究。專家們因此愈來愈大聲疾呼，籲請教育當局改善教室照明。根據一項曾在德國漢堡市進行的研究：改善教室照明問題之後，九個月內即可提高學童閱讀能力九個百分點！

對內在生理時鐘而言，重要的是光線的照度與色溫特徵。冷色系的藍白光屬於短波顏色光譜範圍，而黃光則屬於長波範圍。超過兩千勒克司照度及五千五K色溫的藍白光，不僅最符合戶外白晝光線特質，亦與人體的生理時鐘「最速配」。因為視網膜上面的黑視蛋白細胞對於四百八十奈米（相當於 $480*10^{-9}$ 公尺）波長的光線感受度最敏銳。該光線很大一部分落在冷色藍白光範圍。

依據目前的法規，德國教室的照明設備僅需符合三百勒克司照度及四千K色溫的規格。這相當於一般霓虹燈規格。然而，學童的生理時鐘對這類光線反應欠佳。

二〇〇一年，漢堡大學附設醫院兒童及青少年精神科主任舒特教授（Michael Schulte-Markwort）與同事發表了一項針對漢堡學童的研究。這項研究後來變得國際知名。舒特指出：基於生物學觀點，昏暗的光線無法正向刺激學童的心智能力，無法提升學童專注力及心智靈活敏銳度。

該項研究在兩間小學教室天花板上裝置可調整光線屬性的特殊燈管。燈管呈現七種照度與色溫組合；從適合休息時段昏暗偏紅光色系的「超級放鬆型光源」，一直到適合學生努力用功及為考試專注衝刺的明亮「專注型光源」。後者完全符合白天戶外充足光源的特徵，屬於強烈的藍白光色系，照度高達一千零六十勒克司，色溫五千八百K。此項實驗為期九個月。

而且，此項實驗盡可能控制兩組學生之學習動機等心理變項，避免結果偏誤。教室裡長時段的明亮燈光帶來最顯著的學業成績改善。在實驗結束之前，光照組學生的閱讀能力已然遠遠勝過對照組。

舒特教授認為，該實驗最棒的結果在於證實照明能夠大幅提升學童的閱讀速度。「光照改善了學童的注意力，使得光照組學童比對照組學童每分鐘多閱讀三點五個字。」在閱讀速度方面，有些學生增加了十六個百分點，有些則增加了七個百分點。差異九個百分點。

另一項很棒的結果則與「超級放鬆型光源」有關。例如，經過一整天緊湊的課程之後，老師想讓學生邊聽故事邊休息一下，可將光源調整至超級放鬆類型。此做法果真有助於降低學童的焦躁感。

此項實驗已在荷蘭及中國重複進行，皆得到類似的研究結果。另外，舒特教授也曾研究光照對於成人的影響；並且發現：明亮的藍白光源有助於提高成人唾液當中的皮質醇濃度。皮質醇濃度是注意力上升的指標。

甚至連電視節目都證實了光照效果。受到漢堡小學教室實驗的啟發，二〇一二年德國第一電視台 ARD 在「自然奇蹟秀」節目裡實驗照明對於兩班小學生數學成績的影響。一間教室裝設標準燈光；另一間則選用「專注型光源」。對於這項半調子的科學實驗，舒特教授原先有些擔心。但其結果優於預期。加強光照實驗組學童的頭腦真得變「靈光」了；與對照組學童相比，實驗組學童的計算題答對率高出二十個百分點。

電視台的實驗或許不足以完全採信。但這指出：基礎研究與嚴謹實驗真的在告訴我們一些相當重要的事實。

舒特教授拋出學校照明不足議題。接下去的問題就是：「這種狀況還要持續多久？」

白天為何需要更多的光線？

瑞士巴塞爾大學的卡約翰教授（Christian Cajochen）多年以來致力研究影響人類生活節律之相關因素。他認為：「光線就是最強的時鐘。」這個說法不僅適用於兒童，也適用於成人。對生理時鐘而言，隨著年齡增長，人類會愈來愈懂得利用外在環境裡的時間線索。間腦裡中央時鐘的神經元會隨著老化而逐漸凋亡；此乃正常的老化現象。因此，成人會愈來愈依靠日光等外在訊號來建立時間感。

白天裡常在戶外走動，即可好好利用白晝光線做為時間感的超級線索。每天外出幾次，享受至少十五分鐘的日光浴。這將有助於穩定及強化內在晝夜節律。如此一來，生理時鐘就能夠走得特別準時。

科學界曾做過許多關於光線對於眼睛感光細胞的影響研究。因此，不再有人懷疑這些科學知識。光照不僅有助於提升專注力及能力表現，更可減緩疾病疼痛。一旦體內時間感得到強化與穩定，即可事先預防一系列的疾病發生。

十五年前，荷蘭阿姆斯特丹神經科學研究所賽摩倫教授（Eus van Someren）做了一項光照治療研究，協助改善失智老人之生理時鐘，將其原本混亂的晝夜節律調整為正常穩定。研究團隊在安養院交誼廳的天花板上面裝置藍白光燈泡，而且只在白天開燈。僅僅如此而已，便讓安養院裡的日常生活出現了翻轉式的正向變化。

透過明亮的光照，原本在夜間遊走的失智老人竟然恢復了自然的晝夜作息。這些老人原本因為失智症而喪失了時間感；但是光線成為他們全新強而有力的「時間線索」，督促他們的內在生理時鐘重新開始運作。於是，不僅老人在夜間正常上床睡覺，甚至連照服員都可以好好休息。

上述研究結果已被重複證實。愈來愈多的安養院開始購買高亮度燈具，並嘗試在可能範圍內多陪同老人至戶外走動。在老人照顧實務方面，日本及荷蘭皆已逐漸採納此照護原則；德國、奧地利及瑞士則尚未將此原則付諸實行。

因為新式照明科技所費不貲，而且戶外陪同需要人力，人事薪資會墊高安養院營運成本，因此許多經營者顯得躊躇不前。事實上，安養院經營者必須這樣計算：如果老人晚上安靜睡覺，便可以降低照顧人力數目；老人健康狀況如果得以逐漸改善，即可撙節醫療支出。這不是反倒省錢嗎？容我再次強調，這項光照治療研究早在十五年前就已博得全球關注；但截至目前為止，在相關領域裡幾乎沒有任何的應用及改變。

由於醫學首重診斷及治療，較不強調預防，而且生活型態相關疾病的研究多半以重大疾病為例。這是撰寫此書時遇到的困難，因本書常以失智、憂鬱及心肌梗塞等疾病為範例，未必能夠貼近多數讀者的日常生活狀況。

不過，大方向的原則都是一樣的。既然這些改變有助於改善病患的生理時鐘，那麼應當也對健康人士有益。應當有助於促進眾人長期維持良好的體力，或可重新得力，讓體內日漸枯竭的電力重新滿載。

以健康長者為例。他們並未失智，只是內在晝夜節律強度日益減弱。我四處演講，講題結束後經常聽見老年聽眾抱怨他們的淺眠及失眠問題，或是不像年輕時代那麼容易入睡。這是專家所謂的「片段式睡眠」。原因在於老人容易在白天裡打盹，或習慣睡個長長的午覺，這些都不利於夜間的睡眠。長輩們應當盡可能在白天裡多出門走走，接觸多一些自然光線。

對於身強體壯的中年人而言，白天裡多做日光浴的好處多多。理想的日常生活步調是：早上步行三十分鐘去上班，而且不戴太陽眼鏡。柏林時間生物學專家昆茲教授認為：早上做日光浴，效果加倍。「因為早晨的光線會讓人立刻清醒，能夠強化內在生理時鐘的振幅。」

有鑑於此，舒特教授及許多生理時鐘專家都贊成放棄一般的鬧鐘，而採用「自然喚醒燈」。它會逐漸釋放出光線，不僅能讓人自然醒，更有助於分解體內血液循環當中最後殘留的褪黑激素。

內在晝夜節律的增強，就是最佳的疾病防護罩，可以有效預防許多國民病及壓力造成的健康問題。例如長期使用高亮度特殊燈具可有效治療季節型憂鬱症，亦即所謂的冬季憂鬱。從秋末開始，百分之六點七的中歐地區人民在冬季會出現重度憂鬱症狀，百分之十輕度。證據顯示，這是因為中歐冬季晝短夜長，白晝光線的照射時間與亮度降低，導致人們內在晝夜節律強度衰減，進而出現憂鬱情緒。

相關研究結果早已確定，因此冬季憂鬱患者可以在接受光照治療之後，向醫療保險公司申請一百歐元的理賠費用。在瑞士，一般的燈具店就有販售這類高亮度的可調光燈具。你覺得自己有點冬季憂鬱嗎？建議你購買這種加強亮度與色溫的檯燈，放在辦公桌上，工作時多看幾眼。或者只要家人同意，也可以從早餐餐桌上開始接受燈光浴（甚至有助於提振全家人的心情）。

光照的頻率及時間愈多，效果自然愈好。每天應該至少照光三十至六十分鐘。市售的光照治療燈具亮度介於兩千五百至一萬勒克司之間；它們不會釋放出紫外線，因此不會傷害視網膜；不過，最新型光照治療燈具之色溫偏向於藍白光。

最新研究結果顯示：對於一般的非季節型憂鬱症而言，光照治療也具有緩解憂鬱症狀的效果。瑞士的卡約翰教授表示：「重度憂鬱症患者只要一早出門，待在戶外七個小時，即有助於改善病情。」柏林的舒特教授也認為：「光照可有效改善慢性輕鬱症狀。」不過，臨床精神醫學通常並不重用光照療法。

早在十年前，考科藍合作組織（Cochrane Collaboration）從實證醫學角度分析大量的憂鬱症文獻，並得到與上述內容近似的結果。而且基礎研究近年陸續發現：憂鬱症患者的內在晝夜節律相當紊亂。

紐西蘭女科學家魏慈教授（Anna Wirz-Justice）曾任教於瑞士巴塞爾大學，講授時間生物學。她是研究光線對於人體時間感影響的先驅科學家之一。她的研究重點在於探討光線、內在節律以及憂鬱症三者之間的關聯。不久前，她發表一項研究結果指出：如果孕婦擔心藥物治療可能會影響胎兒健康，建議透過光照治療來改善孕婦本身的孕期憂鬱。

這與義大利精神科醫師班奈迪（Francesco Benedetti）的觀察結果不謀而合。在米蘭大學附設醫院裡，班奈迪醫師發現：住在光線充足的朝南或朝東南方向病房的患者平均較快出院。顯而易見的是，陽光幫了他們一把。有鑑於此，班奈迪教授發展出一套混合睡眠剝奪、光照及藥物療法的組合式療法。和藥物治療相比，組合療法的效果通常更佳、更長效、更迅速。

專家建議健康者進一步利用光線特色。不僅利用亮度，更嘗試將自然的白晝光線納入室內。舒特教授將漢堡小學的照明實驗設計全套移植至漢堡兒童醫院裡。「白天裡，運用明亮的藍白光來加強注意力與集中力；在晚上時段，則利用低亮度、溫暖色溫的燈光來讓人放鬆。」舒特教授簡潔有力地說：「效果很棒！」

再等幾年，等LED燈具的發展更成熟，價格變得更親民的時候，卡約翰教授希望屆時「能在室內裝設模擬自然光的LED天花板。白天照耀著冷色溫的明亮光線，晚上則散發著昏暗的暖色光線」。這絕對是你我的未來生活寫照。

德國弗勞恩霍夫生產技術研究所業已研發出能夠模擬藍天白雲景象的LED天花板。上班族會覺得自己倘佯在大自然中，因此能夠更加專心，更敏銳，工作表現更佳。事實上，這樣的天花板裡面裝設著大約三百個白光及其他顏色的LED燈泡。目前LED天花板的造價約每平方公尺一千歐元。

歐盟砸下兩百五十萬歐元投資一項名為COELUX的LED照明創新計劃。廣告詞說：「房間裡雖然沒有窗，但請想像你正感受著溫暖陽光輕拂過臉頰。」這套太陽光模擬系統能讓人「宅在家，靜靜享受溫暖的陽光與其視覺效果」。

二〇一四年年底，這套綜合LED照明及奈米材質的「模擬自然光調節設備」技術發展成熟。一切彷彿奇蹟般美好。這項計畫的研究者，義大利英蘇布里亞大學的特拉帕尼教授（Paolo Di Trapani）測試之後發現：沐浴在 COELUX 的燈光之下，就連幽閉恐懼症患者都會覺得寧靜幸福！

不論 LED 科技如何進步，還是少不了真正的戶外活動。因為白晝光線的亮度可達十萬勒克司，這是 LED 照明永遠無法超過的。對抗冬季憂鬱最好的方法就是去陽光充足的高山或海邊度假。

很少出門的人還是會受到光線的影響。慕尼黑的羅納保教授曾進行過一項大型網路調查。他驚訝地發現：對於不必上班也不使用鬧鐘的人來說，住在德國最東邊的人比德西人平均提早三十四分鐘上床睡覺。為什麼呢？因為德國東部的平均日落時間比德國西部提早了三十六分鐘。

這些當然不是偶然。這個現象指出：透過重要的光線線索，現代人還是保留了遠古時代留下來的時間感。只不過，這些時間感不存在於意識層面，因此無法與現代社會裡強烈的「不夜城訊號」相互抗衡。

善加利用生理時鐘的相關科學知識，才是第一個學習「與時間共生息」的重要里程碑。以下是我建議的實務導向「Wake up! 計畫」。政府官員們、我們的整個社會，還有親愛的讀者，大家一起動起來吧！

Wake up! 計畫1：常常出門

紐西蘭籍的魏慈教授是時間生物學的前鋒科學家。她表示：科學邁入了一個新階段，醫師們終於發現「與時間相關的」醫學新面向，而光線成為最佳治療工具。

光線不僅可以預防疾病，更對病患有益，對健康的人也有幫助。

魏慈教授表示：「現代人與自然晝夜節律同步化的狀況並不好。」現在正是改善的契機。時間生物學發現，最佳改善工具就是：多吸收一些白天裡的光線！

以下介紹一些應用光線來強化內在生理時鐘的重要原則：

❖白天多出門，尤其是在上午。具體來說就是：走路或騎腳踏車上班上學。在家工作者應該找理由多多早上出門（例如去採買、散步、做運動）。休息時間裡，應當多到戶外呼吸新鮮空氣。

❖原則上，白天不戴太陽眼鏡。偶爾也抬頭看看太陽（容後再述例外情況）。

❖休閒時間裡，盡可能選擇至戶外停留。如果一件事既可在室內進行，亦可在戶外完成，就帶到戶外去做吧。例如在公園裡慢跑，勝過在地下室踩跑步機。

❖出門次數少的人應該多做日光浴，或接受光照治療。建議不容易準時起床或常有起床氣的人，額外使用「自然喚醒燈」。

❖企業主應該加強辦公室、會議室與員工餐廳的照明設備。使用藍白光燈具，盡量增加面向東方或東南方的大型窗戶，或採用玻璃採光井。少數員工若有需求，可先與醫師討論，然後額外替這些員工添購光照治療檯燈。

❖除了午休時間之外，建議企業主在可能範圍內准許員工每天至少有三次各十五分鐘的「放風時間」；兩次在早上，一次在下午。天氣不佳時，員工休息室的燈光必須大放光明。

❖企業主必須投資一筆錢來達成上述要求。如果企業主猶豫該項經費的來源，我可以如此回答：這個做法一定會減少員工的病假天數、工作錯誤及工作意外次數，並能提升生產力。這不是相當划算嗎？

❖學校、醫院及安養院應當裝設新式的可調光科技光源，並且加設大型窗戶。學童應當盡可能利用下課時間至戶外活動。失能者及患者應當多多停留戶外，或由照顧者陪同至戶外。

❖盡可能拉開窗簾及百葉窗，讓白日光線能夠進入室內（容後再談例外情況）。

❖特別對於老人而言，日光浴及活動的時間點很重要。老人的中央時鐘功能不像年輕時候那麼強，因此更需仰賴戶外的光線線索來營造時間感。

❖必須更進一步研究光照療法的療效。若能證實其正向療效，建議健保將光照療法納入給付範圍。

第 2 章 再暗一點！

生活就是節律

生活就是節律，就是音樂。高低起伏不可少，因為生理系統討厭一成不變，需要變化。

親愛的讀者，這就是人體生理運作的遊戲規則。眼睛如果長時間盯著一個點，很快就視茫茫看不清楚。在持續噪音的環境裡，聽覺不再敏銳。肌肉長期緊繃容易崩壞。如果不能排序過濾刺激，神經系統將無法處理任何訊號。清醒時，大腦一直在接收訊息；人類如果不睡覺，大腦就無法轉換模式去處理訊息，以保持所有的運作。

動靜之間的轉換乃是生理運作之基本原則。動靜節律時機的掌握，需要物理學協助。演化為人體生理作用的節律寫下了神奇的樂曲。普天下所有生物的優點就在於：能夠預先感知自然環境當中的晝夜節律。例如，有些動物在清晨前就開始活躍，某些動物則懂得提早在地面結凍之前進入冬眠狀態。人體內數十兆的細胞也追隨著大自然的晝夜節律，然後彼此交換連結訊息，最後形成高度複雜的時間感。

科學家致力於研究生理時鐘的運作方式與原因。大量的相關科學研究結果指出：現代人必須改變生活作息步調。於是，有些人開始倡導相關議題並推動改革。本書第一章已初步闡釋白晝光線的好處。第二章將談談夜晚的暗黑。

「明暗」決定著生活節律。數十萬年以來，明暗影響著人類的祖先以及大自然環境。然而，現代人接觸的白晝光線愈來愈少，黑夜的燈光卻愈晚愈亮。在這個兩極的變化當中，人體的內在晝夜節律與平衡根本無法跟上外界「五光十色」的變化，因此只能失敗退場。但節律就是你我的生活、你我的生命，因此必須由生命來承擔內在節律失衡的後果。

某動物實驗指出：若將生活環境裡的明暗循環由天然的十二小時調整成三點五小時，老鼠的睡眠總長度雖然維持一樣，心理卻生病了。牠們的體內荷爾蒙濃度顯示，在極端不健康的長期壓力下，老鼠出現了憂鬱症狀。

這一點值得你我審慎思考。近年來，學界開始針對人類是善用工具的「工匠人」（Homo faber）的論點進行辯論，但是這些論點忽略了時間線索的重要性。如同上述實驗中的老鼠一般，現代人的內在節律受到社會規範的「齊頭式」對待，這對現代人的內在節律造成負面影響，亦即：現代人的內在晝夜節律變得亂七八糟或日漸疲弱。這類長期壓力首先可能造成不明原因的能力下降，然後逐漸導致專注力障礙及睡眠障礙。這類症狀很混亂，並不一致。負面狀況如果長期持續，則容易導致肥胖、體力差、沒精神。最後就生病了。

美國神經生物學家亞琪（Huda Akil）在二〇一三年提出生命節律的基礎觀點。身為密西根大學安娜堡分校分子神經生物中心主任的她，研究重點很怪異，主要以屍體為研究對象。

亞琪教授團隊在受試者死亡前進行大腦細胞切片，研究死亡時間點的大腦基因活動。最初的想法是：在基因圖譜架構中，每條基因都由特殊的生物分子組成。透過這些生物分子即可瞭解細胞在死亡時所執行的任務。

亦即：在細胞循環過程中，死亡按下了「停格靜止鍵」。研究者果真在細胞基因中發現諸多線索。他們證實白晝與細胞內基因活動模式有關。你我每天的生活作息節奏真的就像一篇「基因活動的交響樂章」。誠如亞琪教授所言：「生命是節律，是音樂。」

而且，亞琪研究團隊徹底探索了細胞內的週期變化，甚至透過大腦細胞基因活動模式來推測死亡時間。更讓人驚訝的另一項研究則發現：憂鬱症患者大腦的基因活動模式會出現變化。大腦某區塊的分子生物學機制變得似乎跟不上節奏，比正確的時間平均慢了三小時。亞琪教授表示：「憂鬱患者生活在另一個時區裡，和一般人的晝夜節律完全不同。」

上述研究結果拋出一個舊難題：內在節律障礙是憂鬱症的病因嗎？解答迄今未明，僅可確定：內在節律障礙一定伴隨著憂鬱症狀出現。睡眠障礙及其他健康問題導致內在節律失常，這和憂鬱症肯定有關。而且光照治療可改善人體內在節律，且已證實能有效治療憂鬱症。

另兩項數據亦證實，細胞內基因活動週期與人體生理時鐘之間具有相當高的關聯。每日生活當中，百分之十五的人體基因會出現高低起伏的週期變化，亦即基因會遵守生理時鐘蛋白的指令。例如：肝臟會生成酒精去氫酶協助分解酒精；擔當這項任務的肝臟基因在夜間的活動力明顯高於日間。最好的證明就是：有些人白天不勝酒力，晚上卻可暢飲不醉。

在每天的節律當中，甚至全身九成的基因都出現高低起伏的週期活動變化。從分子生物學觀點來看，人體是無數高度複雜且彼此精準協調的生理時鐘集合體。而且人體不僅遵守單單一項節律，而是聽從數百項節律的指令。慕尼黑羅納保教授提出很恰當的描述，認為：在某時間點裡，路人甲、乙兩人體內的生化作用過程極其近似；但是路人甲體內的生化作用在晝夜十二個小時前後卻大相逕庭。

瞭解此原則之後，即可知道：單單只是強化內在節律的高峰期並不足夠。

除非我們無法主動走出節律低潮，才需要持續的外在刺激。

原來關鍵因素並不在於高峰期的最大值。真正重要的是：高低起伏變動的幅度。的確，明亮白晝需要幽暗黑夜的對照啊！

以烏鶇為師

以烏鶇為師，向牠們學些什麼呢？學鳥叫？學牠們雀躍跳動？近年以來，研究黑夜議題的科學家將烏鶇視為最佳的研究對象。精確而言，這些實驗目的並不在於探索黑夜，而在於研究「黑夜消失之後」所造成的影響。

自從一八七九年愛迪生發明電燈之後，黑夜變成了白晝。人工照明逼得黑夜逐步棄械投降。地球變得「愈夜愈美麗」，夜間亮度幾乎每十一年會翻倍。全球人工照明每年增加六個百分點，目前占世界能源總消耗量的百分之十九。各大城市一片片耀眼燈海，全世界逐漸呈現出由片片燈海串連而成的光亮地毯。

在許多國家裡，光害嚴重到讓人無法以肉眼觀看銀河。不過這個問題並不大，糟糕的是：光害及大量的夜間室內照明對人類的生理時鐘造成許多不良的影響。多年以來，愛迪生的發明影響著人類的時間感。在持續變動的晝夜軸線裡，人體的中央時鐘必須不斷地更新測量並加以修正，而且這項任務變得愈來愈棘手。

本書第一章提及現代人接觸的白晝光線不夠充足。就對生物時鐘的不良影響而言，光照不足的殺傷力比夜間光害來得大。但在晚上應當休息的時候卻燈火通明，長久下來也容易導致體力不振。科學界才剛剛開始研究這項重要議題。

這又干烏鶇何事？在二十一世紀裡，這種鳥類想在大城市中討生活還真是不容易。跟住在幽暗寂靜森林裡的同伴以及世世代代的鳥祖先一樣，城市烏鶇也想在黎明破曉時開始婉轉啁啾。但大城市幾乎全年無休，無眠無夜。城市烏鶇的叫聲又怎麼敵得過此起彼落的汽車聲、工廠、發電器及冷氣噪音呢？

噪音汙染並非造成烏鶇及人類喪失時間感的唯一原因。另一個重要原因來自於光害。夜間的都市根本不會真正變暗。都市裡隨處街燈林立，加上大型廣告看板光彩炫麗，完全是「越夜越美麗」。可憐的烏鶇根本搞不清楚，究竟白日何時結束。更糟的是，牠們完全不知道自己隔天清晨應該在什麼時候開始歌唱。

逐漸地，烏鶇的內在晝夜節律出現了變化；時間感加速，而且容易出現障礙。於是，城市烏鶇變得更早起更晚睡。英國及德國馬克斯・普朗克研究院的鳥類研究學家近來發現：城市烏鶇的休息時間平均每天減少了四十分鐘。

二〇一三年，德國萊比錫赫蒙霍茲環境研究中心（Leipziger Helmholtz-Zentrum）對城市烏鶇及森林烏鶇的生活作息做比較研究，也發現相似的結果：在安靜但光害嚴重的公園裡，城市烏鶇每天都提早一至二小時舉行晨間演唱會。

科學家猜測，夜間光害導致鳥類的內在晝夜節律變得相當混亂。這之間甚至呈現直線關係，也就是說：夜晚的照明愈光亮，鳥類就愈早開始歌唱。很明顯的，光害導致動物生理時鐘錯亂。

二〇一三年，第三項烏鶇研究揭露了烏鶇作息變化的生物學原因。夜間燈光，就像大城市光害一般，會減少鳥類體內之褪黑激素（亦即「黑夜荷爾蒙」）分泌量。對於時間感而言，褪黑激素扮演著相當重要的角色。

科學家也釐清了人體褪黑激素與光線之間的關聯。一九八〇年的研究已經發現：夜間照明會降低人類大腦松果體功能，導致褪黑激素分泌減少。當年為了強調夜間照明對於生理作用的負面影響，科學家將研究實驗當中的燈光亮度設定得非常高，導致社會大眾不太相信此項實驗結果。但過去三年中，幾項重複研究指出：低於兩百勒克司亮度的燈光，亦即一般室內光線強度即會影響人體分泌褪黑激素。

目前確定的是：夜間燈光會導致人體的中央時鐘失靈。即使是夜間微弱的光線，都會對身體造成負面影響。因為人體認為夜間應該就是伸手不見五指，不會期待看見明亮的光線。現代的夜間照明導致身體猶豫是否應當生成褪黑激素。不論主觀或客觀，大家的睡意都不濃，以至於延遲上床時間，甚至睡不好。糟糕的是：無論上床時間多晚、睡眠品質多差，隔天仍然會在相同時段裡醒來，無法延長賴床時間。

流行病學分析甚至認為：夜間照明會降低褪黑激素濃度，而且因為褪黑激素有助於修復癌細胞造成的基因損傷，夜間照明甚至可能提高罹癌風險。因此，世界衛生組織特地將「輪班值夜制度」列為致癌原因之一，因為夜班工作者會接觸大量的人工照明光線。

正如白晝光線的重要，人體在夜晚則需要黑暗。如果外在環境「晝明夜暗」，有助於穩定人類的內在節律，讓人早早出現睡意，睡得更好，並在隔天更加充滿活力。暗夜有助於促進大腦及松果體分泌足量褪黑激素，並且反饋至體內的生理時鐘。

順便一提，臨床醫學會利用褪黑激素來幫助視障者，特別是視網膜黑視蛋白細胞功能障礙的視障者。視障者體內的時間測量機制往往非常混亂，因為他們的中央時鐘無法接收到光線亮度的回覆。就像防空壕實驗受試者一樣，視障者的內在晝夜節律比較難與大自然的晝夜節律達成同步。

參加實驗的視障受試者獲得醫師開立的褪黑激素藥物，並固定在每天就寢前服用。這個褪黑激素訊號代表著深夜已經開始，而且真的讓視障受試者重新恢復與外在晝夜節律同步的內在節律。出於相同的原因，經常出差的「空中飛人」也會服用褪黑激素來調整時差。褪黑激素在德國屬於處方藥，但在美國及波蘭可以自由購買，經常飛行出差者多半在美國及波蘭購買此類藥物。

白天我們需要日光浴，相對的在夜間則需要褪黑激素。對視覺正常者而言，日光浴及褪黑激素是強化生理時鐘功能的兩大功臣。日光照射在視網膜的黑視蛋白細胞上，直接作用至間腦，然後下達生理指令訊號。另一方面，日光會間接影響褪黑激素濃度，亦即白晝光線會在清晨時協助身體分解殘存於血液中的褪黑激素。

隨著夜晚來臨，褪黑激素濃度逐步上升；人體的溫度調節中樞慢慢開始調降所謂的「核心體溫」。對已然疲乏的身體而言，核心體溫下降就是重要訊號，督促人們上床睡覺。這段時間裡，身體開始放鬆，肝腎功能趨緩，大腦專注力渙散，接收外來訊息的能力也逐漸下滑。另一方面，在夜間裡，免疫系統以及皮膚代謝更新功能卻緊鑼密鼓地活絡起來。若未撥鬧鐘早起，人體會在自然的生理條件下維持這種運作模式數小時，直至血液中的褪黑激素濃度下降、皮質醇濃度升高為止。然後啟動嶄新的一天。

問題出在錯誤的光照時間會破壞身體系統的平衡。我提過，幾年前已有研究指出，少量的夜間燈光即會干擾人體的荷爾蒙循環。這彷彿是一個小洞，導致褪黑激素持續外漏。內在晝夜節律逐漸變得不明顯，導致睡眠間斷，進而危害健康。

愛迪生曾宣稱：「人造燈光絕對無害健康，更不會影響睡眠。」如今看來，天才發明家的這套說辭錯得離譜。

光的暗黑勢力

你可以想像，睡前在「暗摸摸」的浴室裡刷牙嗎？這是很嚴肅的問題。就算你認為我瘋了，我也要說，「暗摸摸」刷牙其實是個相當不錯的建議。如果不希望浴室太暗，請點上蠟燭或是打開暖色溫的黃光燈泡，千萬不要用藍白光模式的明亮光源。黃光不僅能讓人覺得放鬆舒適，也能避免對生理時鐘造成干擾。

昆茲教授透過鏡架加裝感光器的實驗發現兩大重要結果。首先，受試者白天裡幾乎身處「暗室」。更令人吃驚的是：每日生活中，人們在夜間接觸到的光線竟然比白天還亮。例如受試者晚上洗澡時對鏡端詳，明亮鏡面反射燈光進入眼睛內，竟然是受試者一天當中接收到的最亮光線。但是，高亮度光線的功能是調節生理時鐘成為白晝模式。

晚上休息睡覺之前，還額外接觸到超級明亮的藍白光線。昆茲教授表示：「從生物學觀點來看，這簡直是大災難。」

習慣上，睡前盥洗的開燈時間並不會太長。但多數的夜間光照影響研究皆採取長時段光照設計，並非模擬真正的夜晚生活。於是昆茲教授做了另一項實驗，才說出上述那段驚人之語。

昆茲教授問：「在夜間時段裡，誰真的會四小時以上都待在很亮的地方？」如果待在家中客廳，那裡通常開著暖色溫的燈光。不過也有可能短時間接觸到非常亮的燈光。「事實上，夜間環境裡的光線亮度各有層次。健身房裡燈火通明；回到家中，燈光亮度一般；窩在角落閱讀時，使用的是舒適的燈光；睡前盥洗時，浴室裡則亮著昏黃的燈光。」

二〇一三年，昆茲教授開始研究夜間不同特徵光照三十分鐘對人體造成的影響。結果證實：夜間接觸到高亮度及偏藍白光光線，人體會出現強烈的反應。

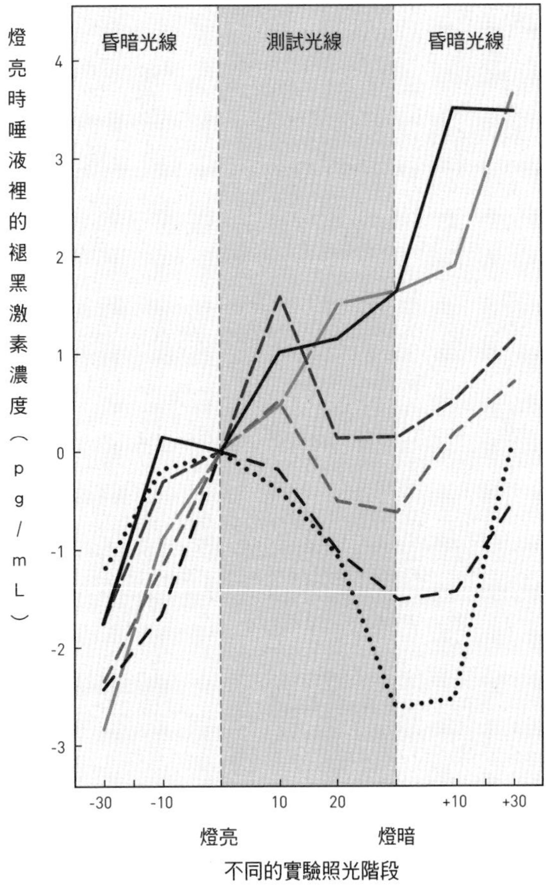

光線令人清醒：大腦分泌褪黑激素來告訴身體，已經是晚上了。受試者接受夜間照光 30 分鐘，褪黑激素的釋放過程因此延宕。上圖呈現九位受試者褪黑激素濃度之中位數值。線條由上而下（最上方是黑線）代表不同特徵之光線。黑線：持續的昏暗光線（亮度最多 10 勒克司）。名為「浴室昏黃」的暖日光（黃光）的昏暗光線（亮度 130 勒克司，色溫 2000 K）。辦公室燈光，冷白光（亮度 500 勒克司，色溫 6000K）。浴室白光（亮度 130 勒克司，色溫 6000 K）。白天裡的燈光（亮度 500 勒克司，色溫 5000 K）。暖白光（亮度 500 勒克司，色溫 2000 K）。

晚間時段裡，褪黑激素的濃度原本應當持續上升，但是光照會導致褪黑激素分泌暫停，或延宕緩慢上升。晚上持續逗留在燈火通明處，哪怕時間不長，也很可能讓人覺得精神奕奕，毫無倦意，上床後無法熟睡或半夜醒來。昏暗的暖色溫黃光是唯一不會影響夜間生理時鐘的光線類型。被命名為「浴室昏黃」。

遺憾的是，這項實驗的受試者數目太少，需要其他重複實驗來證實，因此無法藉其研究結果向社會做呼籲。不過，這些數據完全符合時間生物學的基礎論述，亦支持許多相關的實驗結果。所以，請容我在此提出下列訴求。

夜晚時段裡，你經常精神奕奕或很難以入睡嗎？請檢查一下住處的照明設備。在晚上及夜間時段，請盡量避免打開高亮度的冷白光光源。理想上，請在夜間使用低亮度暖色溫光線，例如傳統的二十五瓦燈泡、蠟燭，或是近年研發的特殊 LED 燈等皆為首選。

順便一提，昆茲教授的實驗採用「浴室昏黃光」，特徵是一百三十勒克司亮度及兩千 K 色溫。近來許多燈具包裝盒上面皆加註亮度與色溫，消費者稍加注意，即可避免生理時鐘受到延宕。

相反的，你希望晚上保持清醒？那麼請在夜間利用偏向日間光線特徵的燈具（例如五百勒克司亮度及五千K色溫）。不過，長期熬夜者白天必須睡到自然醒，不然就容易睡眠不足。因為晚上經常接觸高亮度燈光，會將生物時鐘的夜間時段往後延宕至隔天早晨。本書第四章將討論長期睡眠不足造成的不良影響。

高亮度的夜間光照，還會造成第二項長期不良影響：它剝奪了人體對於四季更迭的直覺，並改變荷爾蒙的分泌。科學發現：季節交替之際，動物體內的褪黑激素濃度會出現變化。對動物而言，這就是內在生理時鐘月曆的節氣訊號。夏季晝長，褪黑激素的分泌量明顯比冬季少，因為冬季長夜漫漫，醞釀著生成褪黑激素。

季節的更替訊號主導著動物行為模式，例如主導鳥類的脫羽、避冬遷徙，也會影響哺乳類動物的受孕懷胎。在非繁殖季節裡，畜牧業者甚至利用褪黑激素來誘使母羊發情受胎產仔。

人類既不換毛脫羽，也沒有固定的發情期（雖然人類在春秋兩季似乎較常受孕），所以科學目前仍不瞭解褪黑激素對人類在這些方面的影響。但是，若干證據顯示人類也有生理時鐘月曆。例如，相較於夏季，人類在冬天的食物量較多而且油脂量較高。人類內在的月曆會受到夜間光照多導致褪黑激素分泌減少的影響嗎？

瑞士時間生物學家卡約翰教授等科學家甚至懷疑，因為夜間照明造成褪黑激素分泌減少，進而導致現代兒童比一百年前的世代提早進入青春期。已有科學證據支持：高濃度的褪黑激素會延緩性成熟。因此，原則上專家建議兒童盡量減少在夜間使用高亮度的燈光。雖然夜間光照會延宕兒童的生理時鐘，讓他們專心熬夜唸書。但是，生理時鐘晝夜節律的變化可能導致身體的荷爾蒙分泌失常，進而加速性成熟。

夜裡為何需要更多黑暗？

二〇〇七年，我應邀參加電視脫口秀「深夜咖啡廳」談論失眠。當晚有幸認識鼎鼎大名的劇場表演者基特勒（Dietrich Kittner）。他說他是夜貓子，凌晨四點之前絕對不上床睡覺，下午兩點才開始工作。他之所以選擇這份職業，或許就是因為工作時段能配合他的作息。

不過，事實也可能恰好相反，也許是這份工作將他塑造成日夜顛倒的夜貓子。他之所以成名不僅在於他幽默的笑話，搭配左傾的政治思想，更來自於無可匹敵的超人工作量。過去四十五年裡，他每年約演出兩百場個人秀。

他長年旅行，下榻旅館。他要求旅館房間窗簾必須密不透光，中午才送早餐至客房，而且必須特別允許他延遲退房。

我告訴他光線會影響內在生理時鐘。他大笑問道：「你猜，在我的生活當中哪個時段最亮？」

「在晚間的舞台上，水銀燈下。幾乎天天如此。」

或許他天生就是夜貓子，而夜間的大量照明更強烈影響了他的生理時鐘。也許表演會刺激腎上腺素分泌，卻無法適時在睡前完全分解。這雖然對生理時鐘沒有影響，卻會延長清醒時間。

另一個案例是我的藝術家朋友，他抱怨最近難以入睡。他通常凌晨十二點多上床，至少要等到午夜兩點才能入睡。他非常煩躁地表示，以前從未如此，而且他的生活根本照舊，沒有任何改變。

後來才瞭解，最近一兩個月他開始畫精細的水彩畫，為了增強畫室照明，他特別加裝藍白光燈具，而且工作到晚上十一點左右。這就是他輾轉難眠的原因。確定原因之後，他在燈火通明的工作室裡只待到九點，之後只做一些不需要強光輔助的雜務。於是，他的睡眠障礙迎刃而解。

現代科學研究發現，夜間光線對人類的影響很大。瑞士學者卡約翰教授以及許多科學家皆警告人必須謹慎使用照明設備。二〇一一年，報章雜誌頭條紛紛報導卡約翰教授及其團隊的研究，他們證實：晚上長時間緊盯電腦螢幕會導致人們的身心狀況出問題。

參與該項研究的受試者必須每天晚上使用電腦解題四小時。受試者分為兩組，他們分別使用增強型的藍光螢幕（四百五十四奈米）或是減弱型的藍光螢幕（四百七十四奈米）。研究結果令人大吃一驚，使用偏強藍光螢幕會導致褪黑激素分泌延後，亦即導致身體延遲下達休息訊號。

結果就是：受試者在晚上仍然精神奕奕，睡意延遲。受試者能夠專注地進行電腦作業，記憶表現極佳。使用減弱型藍光螢幕的另一組受試者，他們的專注力及記憶力沒有提升。

卡約翰教授認為：「我們應該好好運用這些研究發現。」例如3C業者應該配合使用者的晝夜節律進行研發。「夜間時段裡，使用者必須能夠調低手機或電腦螢幕的藍光強度。這麼做，使用者的生理時鐘才不會受到3C產品藍光的影響，導致難以入眠。」

相反的，晚上還需要在電腦前專心工作的人，必須加強顯示器亮度及藍光強度。但「焚膏油以繼晷」若屬於長期的生活模式，則建議夜貓子們隔天必須睡到飽，就像表演工作者基特勒直覺的生活作息調整一樣。只不過，多數人都無法睡到飽；為了能夠準時上班，只好犧牲睡眠。

螢幕顯示器的問題迄今仍未解決。不僅如此，反而有更多藍光光源介入人類生活，例如很多人喜歡在睡前滑手機。美國密西根州立大學的時間生物學家強生教授（Russel Johnson）指出：「第一號睡眠殺手就是手機。」他的研究發現，晚上看手機會打斷褪黑激素的生成步驟。他認為，晚上九點過後仍然使用手機，「會讓人隔天懶洋洋的工作不力。」

最新一代的電視乃是應用LED照明科技。隨著電視螢幕加大，更多的光線會被釋放出來。這可能會影響人類內在的晝夜節律。因此，電視製造商至少應當推出夜間低藍光模式的新機型。

毫無疑問的是，除了白天裡多在亮處活動之外，晚上時段裡必須減少光源刺激。這正是度假時總是能夠睡得好睡得飽的原因所在。平常晚上，大家可能看看電視、打開手機或電腦上網，或在燈火通明的健身房裡揮汗如雨。相較之下，人們在假期裡則傾向於坐在戶外仰望長夜星空。

平均而言，農民們日出而作日入而息，他們內在的晝夜節律遠遠優於辦公室上班族。在此引用下述實驗為範例。這是二〇一三年美國科羅拉多大學時間生物學家懷特教授（Kenneth Wright）及其團隊的研究。他們和一群平均年齡三十歲的年輕人一起去洛磯山脈進行野營實驗，參加者不准攜帶手機及手電筒。營火是夜裡唯一的光源。帳棚會透光，因此光線會在破曉時分與晨間慢慢照進帳篷裡。參加者可依照個人的時間感覺自由行動，或睡或臥。結果發現：儘管參加者在野營活動之前經常喜歡在周末熬夜，但野營時他們明顯提早上床睡覺，早上也特別早醒過來。

為什麼呢？大山裡，絲毫不見文明光源的蹤影，人體內在節律得以正常化。受試者能夠直接又自然地接觸到陽光與黑暗，這發揮了良好效果。實驗前，受試者經常覺得疲倦想睡覺，而且每個人的起床時間不同；亦即他們在實驗前表現出所謂的「時間節律類型差異」。山中生活數日之後，這些差異縮小了。（關於時間節律類型，請詳見第三章。）

上述實驗結果的確符合研究期待。令人大吃一驚的卻是另一項非常突出的結果。山居生活一週後，受試者的晝夜節律已與大自然的節律同步化。他們平均提早兩小時就寢，但是睡眠總時數與實驗前相同，並未增加。這表示：他們的起床時間明顯提早，真的是「黎明即起」。

特別有趣的是體內褪黑激素濃度的分析結果。山區野營實驗發現：黎明破曉前，受試者體內之褪黑激素濃度業已大幅下降，並在睡醒後迅速降至一般白晝時之微量濃度。這正可解釋，為何與平日比較，受試者在山居生活中傾向於提早睡醒、精神奕奕且表現較佳。很明顯的，召喚他們起床的不是晨光，而是生理時鐘。雖然受試者適應山居作息的時間並不長，但他們的生理時鐘節律已調整至與大自然一致。

實驗前，受試者的晝夜節律比自然節律延遲。山居實驗前，受試者體內的褪黑激素濃度通常延遲兩個小時才開始下降。他們大約在凌晨上床睡覺，早上八點起床。這是社會規範；如果不需要上班，他們可能更傾向於夜貓子作息。不過他們總覺得好像沒睡飽，醒了卻還迷迷糊糊的，需要一些時間才能正常。研究者懷特教授猜測，這是因為人們在夜間接觸了過多的燈光，卻缺少清晨的光線來喚醒他們。也就是，我們的生活環境在「不該亮的時候亮，該亮的時候又不亮」。

這項山居露營實驗的缺點是受試者人數偏少，僅八位參加。這類實驗很花錢，而且幾乎找不到補助。不過這項研究的結果很棒，符合時間生物學的主張，因此應該會出現後續研究。

雖然樣本數很小，但基於這項及其他時間生物學研究結果，我們可以確定：多接觸白晝自然光，再加上減少使用夜間燈光，會讓大多數人提早疲倦想睡覺，並且精神奕奕地早起。人類祖先長久以來皆如此。夜間的燈光以及黎明前過於昏暗的臥室，延誤了人體的晝夜節律。這讓我們的作息不僅違反了內在的生理時鐘節律，甚至還變成了天天睡眠不足而且有起床氣的夜貓子。實驗指出：大自然的山居生活對於夜貓子晝夜節律的改善最大。

懷特教授說明他的重要研究結果如下：「多接觸白晝光線，並減少使用夜間人工照明，即可早睡早起，有助於更適應工作及學校。」我們將懷特的建議納入 Wake up! 計畫，例如：晨起散步、拉開窗簾、出門吃午餐、降低夜間燈具亮度，並關閉電腦及手機。做到這幾招，保證你每天早上精神充沛。

我認為懷特教授這番話的重點不只在於留意晝夜作息以利好眠，更希望大家在白天裡重新變得很活躍，充滿精力，而且時間充裕，擁有更優質的生活。因此 Wake up! 計畫 2 的建議就是：減少生活環境中的夜間光源，弄得暗一點。此方法亦更有助提升人們對白晝時光的利用及享受。

Wake up! 計畫2：打暗燈光、關掉電腦與手機

哈佛大學柴斯勒教授（Charles Czeisler）是美國目前最厲害的睡眠醫學大師。他在二〇一三年五月版舉世聞名的《自然》期刊的評論裡振臂疾呼：「我們必須更深入去瞭解人工照明及二十四小時社會對人類的睡眠、晝夜時間節律以及健康會造成哪些影響。這些研究不做不行！」

現代科技早已破壞人類自然的晝夜週期。電燈發明帶來的嚴重後果之一就是讓人睡眠不足。長期缺乏睡眠將嚴重威脅身心健康。不過，這個病因常被忽略。

因為有燈光，人體原本自然的生理時鐘活動高峰從下午挪到晚上，從晚上延至凌晨。但規律的日出時間並未延後，這意謂著：作息裡的夜晚時段愈來愈短。這種導致人類生病的生活作息型態以及科技發展必須走回頭路，而且現在就必須改變。

我們的生活環境如何才能在晚上變得暗一點？以下是重要的原則與建議，

以利眾人尋回內在晝夜節律，更適應自然的白晝節奏，並且減少錯誤節律產生的壓力，日復一日荼毒著你我的人生：

❖在日間，不論是辦公室或住家皆應採用明亮的白色冷光照明（照度五百勒克司或更高，色溫至少五千K）。傍晚開始則調整為夜間照明模式，僅運用黃色暖光（照度低於一百三十勒克司，色溫低於兩千K）。浴室照明也必須遵守夜間模式。只有在必須清醒熬夜的特殊情況下，才使用日間照明模式。但請切記，這麼做會剝奪睡眠總時數。

❖在黃昏之後的時段，可至空氣清新的戶外活動。與其在燈火通明的健身房裡鍛鍊，不如選擇到昏暗的公園裡慢跑或運動。

❖夜間盡量在「燈火闌珊處」逗留，避免接觸亮度過高的人工照明。看電影時選擇坐在後排。夏季天黑較慢，若在空曠的戶外停留，可考慮戴上太陽眼鏡（之後詳述）。

❖睡前必須提早關閉電視、電腦及手機，隔天再看電子郵件或新聞也不遲。打開夜間模式的燈光、看看書（科學證實這並不傷眼）、聊聊天或聽音樂。這麼做不僅有助於迅速提高體內的褪黑激素濃度，更能讓人放鬆，早早上床睡覺。

❖必須使用手機或電腦時，盡可能開啟夜覽模式，控制藍光光線波長低於四百八十奈米。目前已有特殊軟體可調整顯示器光線顏色範圍。3C製造業應研發可轉換晝夜模式的螢幕。

❖早早休息並且快快入睡，有助於加強身體恢復自然的晝夜節律。沒有睡眠問題的人不需要緊閉厚重窗簾，應該讓自然的黎明曙光照進臥室。相反的，睡眠障礙者必須盡量讓房間昏暗，珍惜延長的睡眠時間。（晚上提早覺得疲憊的人，請善用夜間燈光模式。之後詳述。）

❖地方政府請採取抵制光害策略，並節約用電，例如調低路燈亮度。科學研究已證明，這種做法並不會影響交通安全。廣告招牌霓虹燈及建物古蹟的打光亦須加以限制。

❖科學已證實夜間照明的不良影響，因此政府應當修法尊重輪班工作者權益。例如保障晚班及夜班人員不上早班，允許他們延長睡眠時間至中午。（輪班制工作之相關內容，之後詳述。）

第 3 章 扔掉鬧鐘！

貓頭鷹與雲雀

你身邊有這種人嗎？他們總是活潑友善，每天最早進辦公室，總是精心穿著打扮，一付好心情問候著陸續出現的同事，還能立刻為主管策畫出一連串好主意。他們總是在下班前已經安排好隔天的工作，所以辦公桌上總是有條不紊。早在大家開始上班前，他們早已迅速回覆了郵件，享受完第二回合的早餐，連當日新聞都已經瀏覽完畢。

這些人幾乎不碰咖啡，只喜歡茶，通常只喝白開水。一早就積極投入工作，簡直是辦公室福星。

晚到的同事通常有咖啡癮，早上十點之前，再幽默的笑話都無法搏取一笑；十一點之前惜字如金絕不聊天；中午前因為起床氣作祟，絕對不打重要的電話，而且心情總顯得混亂甚至緊張。他們心裡常想：「同事怎麼天天早上都能保持好心情啊？老闆究竟吞了什麼神奇藥丸，一早上班就哼著輕快的歌曲？」

早起者常掛在嘴邊的兩句金玉良言是「一日之計在於晨」，以及「早起的鳥兒有蟲吃」。他們通常自然醒，不需要鬧鐘，也不需要好心情小藥丸。

早起者通常在清晨四點至六點之間自動醒來，不需要鬧鐘或別人叫他們起床。他們有充裕的時間做晨間運動、整理家務、看報紙、遛狗以及享受早餐。他們的早餐胃口很好，吃得也很豐盛。然後提早去上班，投入工作。與同事相比，他們相對提前進入每日作息裡的第一個工作效率高峰期。

他們甚至在假日裡都能維持固定的早起作息。有些同事在週末睡到中午才起來吃早餐，早起的鳥兒卻早已吃完午餐了。不過，他們晚上很早就累了。夜晚時分，夜貓子同事聚在一起玩牌或大聊體育賽事，早起者突然沒了早上的口若懸河，在派對裡也顯得意興闌珊。

相反的，晚起型的人會說「早起不健康」、「早起的蟲兒被鳥吃」。早上鬧鐘響的時候，他們還覺得超級累；晚上該睡覺的時候卻精神旺盛。在早上九點至十一點之間起床簡直就是酷刑，起床後根本沒胃口。中午之前，晚起型的人不會感到飢餓，更遑論好心情。

「早上一條蟲，晚上一條龍。」下午之後，晚起型的人才真正活過來。當早起型的同事覺得疲憊下班回家之後，晚起型開始加班，因為這時候他們的工作效率最高，特別能集中精神，文思泉湧充滿創意。早上堆積如山的工作，現在彈指之間即可完成。逾期未繳的報告，現在寫起來有如神助。新的創意更如潮水般湧來。

晚起型通常很晚才到派對現場，而且心情超嗨（或許已先小酌數杯），完全察覺不到其他客人已經猛打哈欠或是沉默不語。這讓派對主人有點囧。這也不能怪他們，因為他們根本都還不覺得累呀！

人類生理時鐘的步調不一。有些人的作息早一點，有些人晚一點。時間生物學以「時間節律型」這個關鍵詞來解釋，並淺顯易懂地區別兩種極端的時間節律類型，分別為：代表早起者的「雲雀」，以及代表晚起者的「貓頭鷹」。

雲雀的晝夜節律會提早開始。他們相當早起，晚上支撐不久就得去休息睡覺。工作效率高峰出現在上午以及午後時段。

相反的，貓頭鷹的晝夜作息延遲。他們早上很難清醒，晚上非常晚才覺得倦意來襲。中午過後，工作效率緩步上升；下午及晚上的工作能力強。平均而言，貓頭鷹及雲雀需要的睡眠總時數並無差異。因此，貓頭鷹愛睡懶覺的說法並不正確。

時間節律型的極端型差異，著實讓專家跌破眼鏡。慕尼黑大學羅納保教授表示：「早上四點鐘，超級貓頭鷹打算上床睡覺，超級雲雀則正準備起床。」若能依照個人內在晝夜節律來生活，自然對健康最有利。不過羅納保教授開玩笑說：「但雲雀和貓頭鷹如果結了婚，什麼時候碰面呢？」

在一般小市民的日常生活裡，超級雲雀及超級貓頭鷹很難完全按照自己的晝夜節律來生活。不是每隻貓頭鷹都能找到夜間工作來配合自己的時間感。週末假期裡，超級雲雀依然早起，晚上精神不振，十足令人掃興。要得到家人理解，難度頗高。

幸好，大多數人的時間節律類型並非真正兩極化，而是呈現「常態分布」。如同人們的高矮胖瘦雖然差異大，極端者仍屬少數，通常依循常態分布原則。時間節律類型的分布也是如此。內在生理時鐘多半取決於遺傳，並非由一條基因決定，而是數條基因。有些人屬於中間，有些人則偏向於一點點雲雀，或小幅類似貓頭鷹。

時間節律型可再細分，例如從作息時間來看，中間雲雀及中間貓頭鷹的晝夜作息可能僅僅相距數小時。但是當今社會並不關心這些差異。

社會上規定的上班上課時間是固定的。起床困難問題通常不會列入考量。有些公司或公家單位已引進彈性上班制度，但最多只准延遲兩小時進辦公室。從時間生物學觀點來看，這種規定的彈性仍然過於狹隘。

再者，必須考慮光線及黑暗對於人體內在晝夜節律的影響。如前兩章所述：一旦白晝光線過少及夜間光線過亮，便會影響人體內在的晝夜節律。舉例而言，中歐多數國家規定的上班上學時間都太早，甚至對時間節律中間型而言都太早。因此，為了及時起床，八成的學生和上班族都必須設定鬧鐘。

這代表著，在週間五天裡，睡眠不足者高達八成。雖然這些人一早準時開始工作，卻效率不彰，但還是必須開始工作。他們的第二個工作效率高峰期還沒到，下班時間就到了。

我們的社會完全不重視學生及勞工的時間生物學特徵。這種做法不僅不符合經濟效益，還容易影響健康。為了因應個體間大幅的晝夜節律差異，我們建議更加活化彈性工時制度。

本章將解釋：雲雀及貓頭鷹等時間節律類型乃受生物遺傳管控，無法改變。如果能在時間管理方面考量到時間節律類型的差異，即是眾人之福。

全世界的睡眠醫學專家及時間生物學家流行著一句口頭禪。知道是什麼嗎？就是「扔掉鬧鐘吧！」值得大家試試！

社會時差

閱讀至此，你是否已將自己分類？你是貓頭鷹，還是雲雀？在德國，這兩型約各占全國人口的六分之一。還是你屬於另外三分之二的混合型？通常每個人都心知肚明，很清楚自己究竟是早起的鳥兒、夜貓子，還是中間型？

貓頭鷹一輩子的苦惱就是上班上課時間早。就連中間型也必須勉強自己週間早起。只有雲雀才會認為，一早開始上班上課的生活步調很棒。

你仍然不確定自己的時間節律類型嗎？那麼，先計算一下所謂的「睡眠時段中位數」。放假時，你幾點上床睡覺？幾點起床（不用鬧鐘）？這段時間的分水嶺是幾點？例如，你晚上十點睡覺，早上六點起床，那麼你的睡眠時段中位數是凌晨兩點。睡眠時段中位數在凌晨三點以前者，屬於「超級雲雀」。睡眠時段中位數在凌晨三點與六點之間者（例如凌晨零點開始睡覺，早上八點起床），屬於「中間型」。睡眠時段中位數在早上六點之後者（例如凌晨三點開始睡覺，早上十一點起床），毫無疑問就是「超級貓頭鷹」。

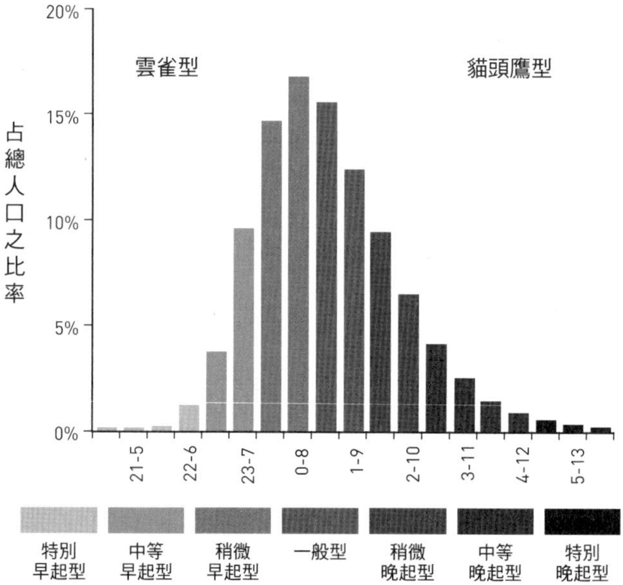

時間節律類型：此為十五萬名中歐民眾假日睡眠習慣的網路問卷結果。約三分之二的受訪者集中在三種時間節律類型。（中等及特別極端的）雲雀型及貓頭鷹型各六分之一。大部分受訪者（約三分之一）的睡眠時段介於凌晨零點至早上八點，或凌晨零時三十分至早上八點半。

還記得嗎？本書第一章曾提過，從西元二〇〇〇年開始，羅納保教授團隊透過網路問卷調查了大約十五萬名中歐民眾的睡眠習慣，結果發現德東人民平均比德西民眾早起。這項研究也確定了德國人的時間節律類型。

研究結果指出：三分之二的人屬於中間型，另外各六分之一則偏向於貓頭鷹或雲雀。讓人驚訝的是：放假的時候，大家依照體內生理時鐘來作息；與平常上班上課的時間規定相比，假日的作息時間表顯得大大不同。一般人平日必須在早上六點半至九點半之間上班上課。早期資料顯示，德國人多半在早上七點至八點間開始上班，近期則缺少這類統計數據。

在都會市區中心工作的藍領工人必須在早上七點上工，或許凌晨四點就開始從市郊外環的住處出發。駭人聽聞的是，工人們通常心甘情願地提早抵達工作地點，因為做完工作可以提早返家，享受些許的下班生活。

原則上，如果希望勞工與學生睡飽睡滿而且能力表現佳，那麼符合多數人需求的上班上課時間應介於早上九點至十一點之間。目前的規定源自於工業革命之前，那時候的人們並不使用鬧鐘，只是按照直覺在晚上十點睡覺，清晨六點起床。就算恪遵本書前兩章的 Wake up 計畫建議，當今社會大眾也絕對無法維持「日出而作，日落而息」的模式。

中歐國家的上班時間規範是為了雲雀設計的，亦即為特別早起與中等早起的人設計。但這群人僅占總人口的六分之一！就算不是每人每天都需要八小時睡眠，而且一小部分的非雲雀也會在早上七點前自然醒，但仍然有三分之二的多數人必須設鬧鐘起床，避免上班遲到。

夏令時間制度更將白晝作息時間額外提前，完全忽略目前有關於時間節律類型的科學新知。

有些工作要求很早開始或很晚上工，這些工作當然就適合超級雲雀或超級貓頭鷹。早上九點鬧鐘吵不醒的人，實在很難去當烘焙學徒；晚上九點就昏昏欲睡者，又怎能勝任調酒師或夜間保全的工作？社會上絕大多數人都缺乏睡眠。這問題亟需解決。

羅納保教授將此現象稱為「社會時差」。這位時間生物學家表示：從生理學來看，社會上多數人在週間都太早起床，週末則順應自己的作息步調，延後幾

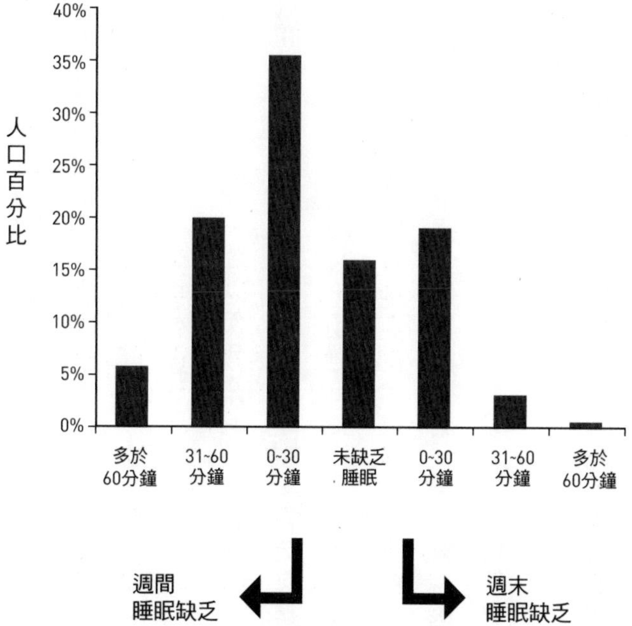

社會時差：貓頭鷹的內在時間節律無法配合一般的上班時間規定，所以他們總覺得自己在週間睡不飽。相反的，如果雲雀週末晚睡，隔日依然早起，則覺得自己在週末裡睡不飽。

小時的晚睡晚起。

社會時差如同平常的時差一般，長期容易導致慢性睡眠不足。因為上班時間的規定，人們早上無法睡到自然醒，必須仰賴鬧鐘起床。晚上卻因為生理時鐘而不覺得累，於是延遲上床休息。隔天早上，鬧鐘又響起，睡眠總時數因此打折。日復一日，一週重複五天這樣的生活。

透過上述網路問卷研究，羅納保教授統計出社會時差數據。受訪者當中百分之五的人週間每晚至少缺少了一小時的睡眠，百分之二十的人少睡了半小時至一小時。因為社會時差的緣故，超過三分之一的人每晚至少少睡三十分鐘。只有百分之十八的人的生理時鐘能夠配合社會上普遍的工作時間規定。其餘五分之一屬於超級雲雀或偏雲雀，則面對著另一種困難；因為朋友及家人在週末玩樂，雲雀不想掃大家的興，只好晚睡，隔天卻又自然早起。這是雲雀的社會時差。

早起的雲雀幾乎不會有慢性睡眠不足問題，因為他們雖然在週末睡不飽，卻可以在週間把睡眠補回來。貓頭鷹則恰相反，他們可以補眠的天數少。

慕尼黑大學的網路問卷調查發現了其他幾項結果：社會時差造成長期睡眠不足，這會持續對健康造成負面影響。研究結果證實：社會時差愈大，愈易引發咖啡及菸酒成癮。羅納保教授表示：「我們猜測，長期睡眠不足導致人們不知不覺地做出一些補償行為。」例如在社會時差低於一小時的人當中，約五分之一有抽菸習慣；在社會時差超過五小時的人當中，三分之二是老菸槍。

感謝慕尼黑、美國及其他時間生物學家的研究貢獻，目前社會大眾都相信社會時差不利健康。眾人分屬不同的時間節律類型，但上班時間的規定卻相同；毫無疑問，這的確有害健康。

想要解決這個問題，不能單單仰仗戒菸等片面活動，必須從整個社會層面著手。

三贏策略

你認為下述方法可行嗎？在待售的鬧鐘上印製警語：「小心！切勿長期使

用，容易出現睡眠不足的致命風險。」用加粗字體，再搭配車禍或核爆等嚇人照片。

做法過於聳動？如果香菸盒上的警語及恐怖照片能遏止吸菸行為並達成預防肺癌的目的，我們為什麼不能認真考慮在鬧鐘上標示警語呢？

與吸菸行為相比，長期睡眠不足的風險或許較低。至少吸菸與肺癌的關聯已經得到科學證實，但長期睡眠不足與憂鬱症的關聯仍有待釐清。另外，肺癌死亡人數肯定多於因精神不濟而車禍喪生的人數。但是，疾病預防的概念是一致的。社會如果能夠正確投入疾病預防工作，即可節省未來的醫療支出，並減少個人痛苦。

禁用鬧鐘的策略聽起來或許死板又荒誕，但保證一定能改善多數人的睡眠問題。預估可降低「國民病」病患數目，大幅減少怨天尤人，減少職場意外與交通事故，促進互動溝通及同理心，甚至提高企業生產力與創造力。

羅納保教授將之稱為「三贏」。勝出的三方包括：社會可以減少社會成本支出，企業能夠贏得更有效率的人才，個體也會健康幸福。為了整體益利，難道不值得一試嗎？

酸民或許會說：讓每個人都睡到飽，怎麼可能做得到？如果大家不準時上班，會打亂固定的工作流程。子女如果需要早到學校，父母又該如何？夜班及輪班制度如何處理？醫院在晚上不必照顧病人，警察不需要夜間追緝凶嫌了嗎？

禁用鬧鐘只是烏托邦，不該阻止我們在日常生活中做出小小的改變。在此，我要先談談對於上班時間及假日作息規劃的看法。在第四章，我將提出改善輪班制度及上學時間規定的建議。上述幾項都屬於核心議題，目的在於想讓大家睡眠充足，開展三贏局面。

中歐人很勤勞，工作理念在於不論公司何時需要人力，員工都必須準備就緒努力工作。但根據時間節律概念，我們建議企業更改時間管理原則，亦即：企業如果希望員工表現良好，就必須懂得善用員工的工作效率高峰期。然而個人化的上班時間制度一直被視為窒礙難行。

部分企業與公家單位已開始實施彈性上班制度，並獲得相當不錯的經驗。

但幾乎沒有一家公司將彈性上班設定於早上七點至十一點之間。這種大幅的彈性設計可讓大家放棄鬧鐘，而且從早上十一點至下午三點之間，員工可全員到齊。

早上九點開始上班，可能是雲雀想出來的規定吧。這項規定只對雲雀有好處，因為他們早上七點就出現在辦公室了。對於中間型及所有貓頭鷹而言，早上九點開始上班實在太早。

然而，超級雲雀占的百分比率非常少，可見上班規定的通則完全打臉科學新知。如果可能，企業應當遵循科學研究發現，盡量讓員工睡眠充足。進而實施個人化上班時間調整，最好能搭配縮減總工時。因為睡飽延遲上班者必須延遲下班，這將影響到晚上的休閒安排。

看見這些內容，企業人力資源部門肯定會大聲哀嚎。調整工時的策略需要金援，遑論縮短工時意謂著變相加薪。不過長期而言，企業仍是贏家。為什麼呢？這樣的調整不僅能夠減少員工生病，令員工更加主動工作，放大產能，並且充滿創意。除此之外，實施大幅的彈性上班制度之後，從早到晚（期間比之前更久）都有鬥志高昂的員工在公司裡上班，而且不要求額外的加班費。

理論上，這樣的做法能讓公司從早上七點到晚上七點之間擁有睡眠充足且百分之百精神奕奕的員工。若允許貓頭鷹中午十二點才開始上班，高效率的工作時段亦可往後延長一小時，有助於推動國際業務。

當然這種彈性上班模式未必適合各行各業。但是，媒體及服務業應可採用此彈性上班模式，或稍加修訂後實施。應有助於提高企業營業額，並降低健保支出。

甚至有些企業主並不要求員工必須在某個時段裡全員到齊，結果也相當不錯。慕尼黑大學某實驗室允許助理及博士生自由上班，以責任制要求他們完成工作任務，且須符合總工時的要求。這間實驗室變成「不夜城」，一天二十四小時裡幾乎都有人在工作。過去必須費盡心力安排班表，以便日夜兩班輪流不間斷的觀察實驗進度；現在則完全不需要。而且實驗室同事都對自己的上班作息很滿意。

大多數人必須違反自己內在的時間節律，遵守朝九晚五的上下班規定。因此，也無法運用彈性休閒規畫來配合個人生理時鐘，讓自己身心放鬆。

依據時間生物學觀點，一天裡的休息時段應該分開數次，以便正向利用白晝光線。在工作時段裡，安排幾次較長的空檔時間。工作與休息的混搭組合，有助於預防長期的壓力感受。這也有利於家庭生活安排，讓人有更多的時間和家人互動。

為什麼大家會擔心手機及平板會占據我們愈來愈多的時間，並加速破壞工作與休閒的界線呢？網路不是用來完成工作的嗎？在哪裡使用、何時使用的決定權不是應該掌握在我們手中嗎？

下班後還是有可能要處理辦公室的事。當然必須防患這種情況被濫用。不過，這不啻為一個機會，可讓我們依照個人的時間節律來工作。

石器時代的人類完全不了解「下班時間」究竟是什麼。對於一些人而言，3C產品的使用時段最好挪至下午，不宜在晚上時段使用手機或電腦。晚上時聽聽音樂或閱讀，單純放鬆就好。

透過彈性上班制度以及現代的資訊科技，我們可以徹底改變自己的休閒規劃。例如，為什麼不改採「間歇工作模式」，每段工作三或四個小時？地點可以在辦公室、自家書房、兒童遊樂區旁邊，或在露天游泳池的草坪上。在工作段落與段落之間，我們可以選擇運動、追劇、做家務或是陪伴家人。

我曾經在演講當中提及這些建議，總是引發聽眾熱烈討論。或許這個說法乍聽之下令人反感，因為勞工朋友在過去幾年內深受所謂「工時彈性化」之苦。該項政策實施之後，班表變得超級非人性，勞工必須早晚輪班。所以一聽見這個題目，工會就警覺大事不妙。

所以，我現在放棄「彈性上班」這個詞彙，改稱為「工時個人化」。這個關鍵詞也比較符合我的訴求。並且，我建議一併減少上班總時數，以便更能推動上下班時間的個人化制度。

在家工作或在下班後工作的總時數應當納入正式工時計算，而且員工有權決定，在哪些時段不想收到工作指令。有些大企業已開始實施上述這項建議。根據 BMW 汽車公司與工會的共同聲明，員工可在公司的資訊系統登錄下班後的工作時數，該時數會與常規上班時數合併計算。並可指定個人化的「嚴禁打擾時段」，拒絕在該時段收到主管及同事的電子郵件、訊息或電話。

對自營商與自由業者而言，推動個人化工時並不困難。不過，必須衡量是否會過於剝削自己的勞動力。或許，符合時間節律的固定工作時間比較適合自營商及自由業者。

家庭通常也會忽略時間節律個人化所帶來的契機。家長擔心自己如果較晚去上班，則必須延後下班，可能耽誤照顧子女的時間，因而爆發工作與家庭之間的衝突。

工時個人化之後，父母可以輪流照顧子女。這或許對全家人都有好處。和父母時間節律類型不相同的褓姆，應該也不難找。

因此，Wake up! 計畫3主要強調勞動人口的身心安適。勞工朋友過得好，家庭、經濟及國家方可蒸蒸日上。

Wake up! 計畫3：彈性的個人化

根據估計，單單美國就有七千萬人飽受睡眠障礙之苦。在某些國家裡，睡眠不足造成的直接及間接損失甚至已占國民生產毛額的百分之一。二〇一三年，時間生物學家羅納保教授運用這些數據來支持他在《自然》期刊裡的呼籲。

對應上世紀九〇年代紅極一時的「人類基因組計劃」，羅納保教授提出「人性化睡眠計畫」。這項國際研究計畫獲得三千萬美元經費補助。目的不僅在於提高睡眠障礙的診斷技巧及治療方法，更包括找出時間節律類型的新式實際應用，讓社會大眾能夠睡好睡飽。

羅納保教授寫道：「我確信這項計畫將改變人類行為，並以最節約的方式來改善眾人的健康、工作能力及生活品質。」

希望大家能夠繼續關注上述計畫與其成果。目前已有人開始關注時間節律類型在工作、睡眠以及休閒領域的應用。並且瞭解人類內在的晝夜時間節律各不相同，無法齊頭式平等視之。

我將最重要的建議彙整如下：

❖在關注時間生物學議題的社會裡，每個人都有權利睡到飽！當然，我們無法銷毀所有鬧鐘（可能也不願意吧！）。但是，規律使用鬧鐘的人口比率竟然高達百分之八十。這實在太高了。

❖盡可能實現個人化的上下班時間制度。理想的彈性上班時間可從早上八點至十一點，或從早上七點至中午十二點。若企業要求全員到齊的時段，則可設定於早上十一點至下午三點，或中午十二點至下午四點。另一種選擇則是採行自由的上下班時間制度，輔以每週兩次固定的公司內部會議，時間可訂於早上十一點至下午三點之間。

❖盡量將相同時間節律類型編入同一組。避免在調整上下班時間方面發生衝突。

❖逐步放寬在家工作或部分在家工作的可能。建議政府針對「宅工作」擬訂所得減稅優惠。

❖企業必須將在家工作或下班後的工作時數一併納入薪資計算。BMW及若干大企業已同意承認員工下班後在手機或平板上的工作時數，並納入薪資計算。例如BMW規定：員工在下班或交通時段裡讀取工作電郵之時數一概列入薪資計算。

❖建議員工設定個人化的「請勿打擾時段」，避免主管及同事不分晝夜的電郵或電話聯絡。二〇一三年起，BMW已落實此項員工權益。員工可與同事及主管清楚約定自己的「請勿打擾時段」。

❖工作並非只是上班簽到，宜採行責任制，並以工作完成度與目標完成度做為評鑑標準。當然必須避免設定過高的工作目標，進而造成員工壓力。另外，亦須設定工時總時數上限，嚴禁超時工作。建議自營商也要設定工時總時數上限。

❖薪資通常與工時總時數連動。我們建議在維持原薪的先決條件下，縮短工時總時數至每週三十小時。

❖一天當中應當安排多次休息時間與休閒活動，而不是單單只集中在午休時間及晚上下班後。現今的規定強迫我們違反自己的生理節律提早上班，只是為了能夠準時下班休息。

❖員工如果住得遠，表示通勤時間長，愈需要早起。建議企業取消通勤補助，轉為租屋補助，鼓勵員工住在公司附近。亦建議政府推出相關的住房補助政策。

第4章 趕快取消夏令時間！

人類為什麼要睡覺？

單純從睡眠角度來看，蒼蠅也是人。和老蒼蠅相比，年輕蒼蠅需要更多的睡眠。人類也是如此；兒童幾乎需要比成年人多出兩倍的睡眠時間。咖啡和興奮劑不只能夠提振人類的精神，同樣也能讓蒼蠅精神奕奕。剝奪睡眠，會讓蒼蠅注意力渙散。如果長時間不准蒼蠅睡覺，牠們也會像人類一般需要補眠。蒼蠅和人類打瞌睡時的腦波變化模式極為相似。

睡眠對生存何其重要、何其根本。重要到從人類和蒼蠅的共同祖先出現之後開始，生物學便不再改變兩者的睡眠基礎定律。美國蒼蠅睡眠議題研究專家，如今擔任蘇黎世大學醫院睡眠研究員的胡伯（Reto Huber）表示：「果蠅大部分的睡眠調節機制，甚至所有重要的睡眠組成元素皆與哺乳動物的睡眠機制一致。」

所有的動物都要睡覺。雖然科學尚未證明，但愈來愈多證據顯示：因為神經系統的組成，才出現了睡眠行為。動物獨有的優勢特徵在於從簡單的神經網絡發展至高度複雜的腦部系統；睡眠似乎會以不可思議的方式帶給大腦一些好處。

長期缺乏睡眠會令大腦喪失學習力、記憶力、創造思考能力及內部溝通能力。德國圖賓根大學的荷爾蒙及睡眠專家柏恩教授（Jan Born）表示：「很明顯的，睡眠有助於大腦運作」，而且「睡眠充分者比別人要來得聰明」。這點也和果蠅類似，而這些相似絕非偶然。「人類為什麼要睡覺？」是當前科學界懸而未決的問題。果蠅與人類近似的睡眠機制提供了最具說服力的答案：人類必須睡覺，以便大腦正常運作。

二〇一三年，《科學》期刊將一篇美國論文評選為年度十大重要自然科學研究結果之一。該篇論文提及：睡眠狀態下，老鼠腦部細胞之間的空間距離會變大，彷彿開始進行一場腦內大掃除。腦脊液流經神經元間隙，將清醒期間累積的有害物質帶離腦部。

無獨有偶的，瑞典學者於二〇一四年亦發表了類似的觀察研究結果。他們發現：通宵熬夜時，年輕人會在體內大量累積某些特定物質，而這些物質與神經元凋亡有關。缺乏睡眠，顯然必須付出代價。

討論至此，眾人應有所警惕。年輕的你認為，退休後多的是時間可以呼呼大睡，所以現在就通宵達旦，不顧喪失腦細胞的風險嗎？德國作家兼演員及導演的法斯賓德（Reiner Werner Fassbinder）是個工作狂。他的人生信條是「入土為安之後，大可高枕好眠」。一九八二年六月，他心臟衰竭而死，得年僅三十七歲。

數年前，著名的美國睡眠學家霍普森（Alan Hobson）已對此做出貼切的結論：「睡眠來自大腦、由大腦操控，大腦需要睡眠。」

關於這一點，人類似乎顯得無動於衷，完全漠視自己的睡眠需求，認為充足的睡眠只是次要，認為值得為了任何小娛樂而放棄睡眠。現今社會完全「過勞」。在尚未太遲之前，你我應當好好三思。

具有創造力、構思與記憶力的人類，不是應該透過充足的睡眠來展現自己聰明出眾的頭腦嗎？與其他物種相比，人類的成長期，亦即大腦所需要的成熟期與學習期顯得特別長。因此，人類不是更應該好好睡覺，努力讓大腦成熟發展嗎？

如果上述分析還無法讓你明白睡眠的重要，或許下列科學發現可以說服你：少許的睡眠剝奪即可影響身體與腦部新陳代謝細胞的反應，導致細胞內的基因調控機制失靈、器官的生化作用失衡，並提高身心疾病之罹病風險。

長期睡眠不足會加速老化，降低免疫力，阻礙兒童生長，導致情緒低落，並提高幾乎所有心理疾病之罹病風險。除此之外，長期缺乏充足的睡眠會提高糖尿病或心臟病等新陳代謝疾病之罹病風險；而且還會導致體重過重。

人類的生理機制或許還會反過來陷害自己的睡眠。遠古人類最大挑戰就是設法存活於世；縱使就算身體已疲憊不堪，在面對危險或需要集中注意力的情況下，仍然必須維持生理的正常運作。這讓（史前）人類的大腦學會：必要時，必須平衡或掩飾睡眠不足的狀態。

現代人呢？縱使電視機裡的犯罪影集無聊透頂，喜劇又單調乏味，我們還是忍住哈欠繼續看下去。這些電視節目讓人下意識地努力維持清醒。很多人開車上高速公路，忽略自己需要休息，往往瞬間睡著了而引起致命車禍。發生意外之前，這些人可能剛離開辦公室，工作壓力與要求讓他們維持高度清醒。此乃專家所謂的「激發」（Arousal），它阻止大腦轉換至睡眠狀態。但是，空曠筆直又單調的高速公路景觀營造出放鬆的感覺。就在那一瞬間，睡眠就上門討債來啦。

為了這一刻，睡眠調節機制已經等待了數小時。畢竟長時間的工作與壓力讓人早已欠下許多「睡眠債」。說白了，人類的大腦就是少了那根「睡眠筋」。同理可證，雖然累過頭的「大腦電池」早已電力不足了，它卻還一直矇騙我們，讓我們覺得在晚上開會時仍然出乎意料地精神抖擻。由此可推測立委們熬夜擬定出來的政策品質。

尤其致命的是：不同於遠古人類，現代社會要求我們必須表現出高效率與高成長。我們好不容易撐過了幾週高壓的工作，卻鮮少能夠徹底休息一段時間，好好大睡一場。理論上，偶爾睡眠不足完全不構成問題。真正的問題是，我們一直累積著睡眠債務。

在此，我要向社會裡最猖獗的「睡眠強盜」宣戰。好眠之路並不難，只需做出例如取消夏令時間規定等簡單的決定，即可預期正向長遠的效果。亦即：幫助絕大多數人每天晚上多睡幾分鐘。研究顯示，雖然「只」增加區區幾分鐘的睡眠時間，但夜復一夜長期累積下來，卻能讓我們變得更健康、更富創造力。

一個人需要多少睡眠？

大約十年前，東根（Hans Van Dongen）與丁格斯（David Dinges）這兩位美國賓夕法尼亞的生物時間學者公開徵求一般睡眠需求，並且願意待在睡眠實驗室兩週的健康人士。四十八位年輕人上門應徵。他們始料未及的是，這項實驗希望透過科學的方法來攻破「睡覺是多餘的行為，浪費時間」的荒謬神話。因為睡眠是創造力與能力的固定泉源。

在睡眠實驗室裡，受試者每天晚上分別睡覺八、六或四個小時，然後在白天接受測驗。實驗兩週，僅睡眠充足者能夠維持高水準的測驗成績；其他人的注意力、記憶力與反應力均持續下降；睡眠時數愈少者，能力下降速度愈快。兩週後，每晚睡覺四小時者的成績非常差，彷彿他們已經兩天兩夜沒闔眼了。

受試者被診斷出在注意力及工作記憶方面出現「神經認知障礙」。令人訝異的是，實驗進行約四天之後，睡眠不足者並未感覺更加疲倦；實驗即將結束前，這組受試者幾乎不再抱怨；甚至，有些人主張日後可以少睡一點。

其他實驗也證明：睡眠不足會讓人變笨，而且會變得愈來愈笨。只不過，睡眠不足持續一小段時間之後，人們便習以為常而不自覺。

週間，多數人因為社會時差而睡眠不足。只好利用週末補眠，雖然這仍嫌不足。如果情況很糟糕，最後只好去柏林聖賀德維希醫院的睡眠實驗室報到。

主任醫師昆茲表示：「在我的高學歷病人裡面，嚴重睡眠不足的人占了三分之一。他們連在週末都沒有機會補眠。」

昆茲說道，病人經常抱怨白天裡的疲倦感，原因不明的猝睡症，甚至造成危險的交通意外。「這些患者多半沒有真正的失眠問題，通常也可以一次睡上十至十二小時。他們甚至也在週末補眠，可惜仍然不夠。」

針對這個現象，上述兩位賓夕法尼亞的睡眠研究者做了新的研究。首先受試者每晚只允許睡覺四小時，連續五個晚上；之後，可或多或少補眠。一如預估，受試者在週間的能力表現逐漸下降；經過一夜長達十小時補眠之後，能力表現才回升。然而，週末補眠不足以讓人恢復原先的成績水準，因為週末早晨的補眠不夠深入，缺少實質效益。

受試者即使連續兩晚都睡足了十小時，還未必能完全恢復精神。丁格斯團隊的睡眠學者巴斯納（Mathias Basner）十分清楚這點：「許多結果顯示，大腦會記得我們積欠的睡眠債。倘若連續熬夜少睡，可能會導致大腦出現長期的變化。」

賓夕法尼亞的睡眠研究者目前正在測試長期睡眠不足經過三夜休息之後的生理變化。此研究之目的在於找出：特定行業者所需之恰當的休息日數。因為工作性質的關係，貨車駕駛、輪班工人、夜間保全人員、飛行員等皆長時間睡眠不足。目前仍不清楚，他們應該工作幾天休息幾天才算是真正的補眠休息。

不過，需要很長睡眠時間的人以及極端貓頭鷹應該也對這項研究有興趣。前者每晚或許需要睡滿九至十小時，卻不準時上床；後者則一直為社會時差所苦。風險最高的群體莫過於兼具上述兩項特性者。就目前的社會型態而言，他們鐵定是生錯了時代。

上述兩型約各占總人口的五分之一。兼具兩型特色者之比率，目前尚未釐清。但很確定的是：在強調能力表現的現代社會裡，許多人因為內在生理節律而長期睡眠不足，他們是罹患「倦怠症候群」（Burnout-Syndrom）與失眠症的高風險群。

長期缺乏睡眠可能讓大腦荒廢了睡眠能力，或是為了因應長期的壓力而身心俱疲，或是出現憂鬱傾向。柏林研究身心症的專家史布林格（Bernd

Sprenger）指出：「睡眠不足會讓身體出現惡性循環，最後導致倦怠症候群。」如何預防倦怠症候群呢？專家認為：長期處於高壓狀態者必須保持充足的睡眠，養成提早就寢的習慣，在白天裡多安排幾次休息時間並小睡片刻。

睡眠學家認為，每週上班上課四天最為理想。如此一來，即可透過週末補眠來平衡週間累積的睡眠債。

幾位愛睡覺的德國知名人物，例如：寫詩詠讚睡眠的大文豪歌德或是常在白天打盹的愛因斯坦，都很直覺地洞悉了補眠的重要性。他們雖然並未擁有「做四休三」的工作特權，卻要求自己必須睡眠充足。據說，他們的睡眠時間遠比一般人長。由此看來，充足的睡眠或許就是他們天賦異稟與創造力的真正泉源。

再者，科學家已發現幾類的蒼蠅基因突變類型，這些基因共同決定蒼蠅所需之睡眠總時數。例如，在不需太多睡眠時間的「短眠型」及需要很多睡眠的「長眠型」蒼蠅體內皆可找到名為 insomniac 的「失眠基因」。蒼蠅所需之睡眠量取決於失眠基因的突變情況。不過，蒼蠅只會打瞌睡，每次持續幾秒鐘。蒼蠅一天內之累進睡眠時數，有時長達十五小時，有時僅五小時。

學者一般認為：人類的睡眠需求亦與基因有關。子女之睡眠類型多半與父母相同。不過，因為睡眠調節機制同時受到許多基因的影響，因此人類睡眠需求時數的分布情況也呈現常態分布。大多數人平均需要八小時的睡眠時間；女性需要的睡眠時數稍微高於男性。

「人類需要多少睡眠呢？」想回答這個問題還真是不容易。令人訝異的是，連科學家都很難確定相關的精確值。因為個體間差異過大，而且幾乎不可能找到完全不缺乏睡眠的受試者。目前可以確定的是：每天正常的睡眠需求介於五至十小時，一次或分次睡眠皆可。極端型的睡眠需求者並不多。約百分之二的人口僅需睡眠五小時；需要十小時或以上睡眠時數者，亦屬少數。

如果長期處於睡眠充足的穩定狀態中，那麼中間型平均需要七點五至八小時的睡眠時間。不過證據顯示，中間型實際的睡眠需求時數高於平均值；稍低亦無害。若形成所謂的「睡眠壓力」，將有助入睡。

年長者如果白天晚起加上又睡午覺，那麼晚上可能不容易入睡，因為他們的睡眠壓力不夠大。這並非睡眠障礙，因為當事人並不覺得自己缺乏睡眠。

美國生物心理學家維爾（Thomas Wehr）曾做過一項聲名大噪的實驗。二十四位受試者被要求在黑漆漆的睡眠實驗室裡每天一次睡滿十四小時，為期四個月。實驗初期，受試者每天的睡眠總時數皆超過十二小時，慢慢清償之前累積的睡眠債。大約四週後，受試者的睡眠總時數逐漸降至八又四分之一小時左右，並自認精神抖擻；甚至說，他們從未如此活力充沛。毫無「睡眠壓力」的生活令人快樂。

賓夕法尼亞的時間生物學家巴斯納表示：「人們早已忘記好好睡一覺真的會讓身心舒暢！」他舉維爾的研究為例，該項實驗請健康的受試者「連續飽睡多日」。受試者事後表示：充足的睡眠讓人頭腦清晰，反應敏捷，體能表現佳，而且心情超開朗。

另外，個體不僅睡眠需求不同，熟睡程度亦有差異。「睡多長時間，才算真的休息到了？」德國雷根斯堡（Regensburg）睡眠醫學專家祖雷（Jürgen Zulley）表示：「睡眠的重點並不止於時數長短。」最關鍵的是其中的深度睡眠。

有些睡眠障礙的原因在於缺少深度睡眠期。患者雖然睡了十二小時，醒來時卻覺得筋疲力竭。因此，睡眠問題的診斷依據並不在於睡眠時數，而是個體在白天裡的身心狀況。如果一切正常，即表示睡眠狀況不會太糟糕。

真正睡飽睡足的感覺是什麼？又從何得知呢？根據美國「國家睡眠基金會」（National Sleep Foundation）最新的問卷調查：德國人的週間平均睡眠時數為七小時又一分鐘，但認為自己平均需要七小時三十一分鐘的睡眠。無睡眠障礙者往往傾向於高估自己的睡眠需求。在開始實施問卷調查的兩週裡，五分之一的德國受訪者認為他們只有幾天算是睡飽；將近十分之一的德國受訪者認為自己一向睡眠不足。

絕大多數人缺乏睡眠。這是人為造成的。受訪者每晚起碼短少了三十分鐘的睡眠。請參照下一頁的數據。

這項研究的結果也符合一項觀察：數十年來，西方國家人民的睡眠量正在持續減少中。雖然相關的研究結果多有爭議，但趨勢很明顯地指出，與目前

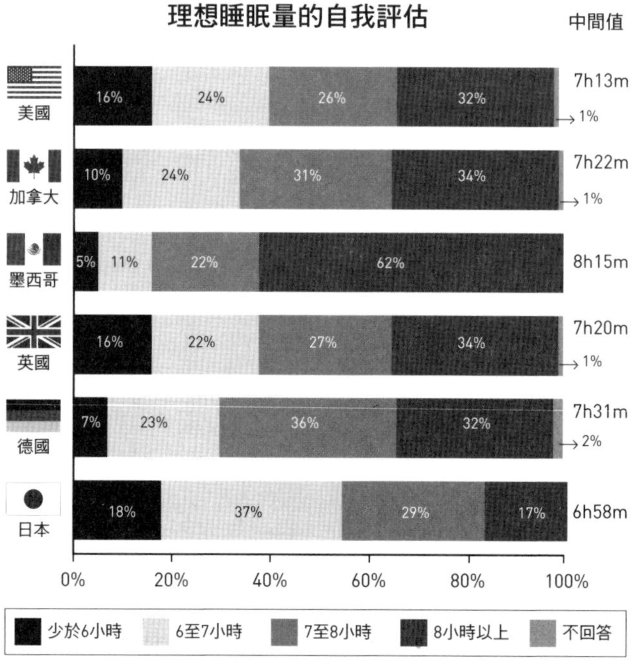

不同的理想睡眠量：2013 年，美國國家睡眠基金會發表了六大國家人民睡眠行為的研究結果，顯示各國人民對於理想睡眠量的看法差異頗大。

相比，西方國家人民在二十年至四十年前每晚的睡眠時間多出了三十至六十分鐘。部分專家因此推測，五十年至一百年前人類的睡眠時間應該多出一至二小時。新的分析指出：相較於十年前，人們在週間的睡眠時間短少了三十八分鐘。

專家一致認為，睡眠時數縮短的趨勢是導致文明病增加的原因之一。德國睡眠醫學專家佛德賀澤（Ulrich Voderholzer）肯定地說：「睡眠不足提高了糖尿病及肥胖症的罹病風險。這一點無庸置疑。」總而言之，缺少睡眠會讓人變胖、變老、變笨及生病。

專家的警告並未遏阻人類愈來愈短缺睡眠的趨勢。這現象令人十分不解，因為只需要正確的因應策略，便可減輕現代人的諸多苦難。

採取行動對抗睡眠不足的緊要關頭已經到了！

唯有上帝所親愛的，必叫他安然睡覺

在富裕的社會裡，抗老化的概念正夯到不行。花時間積極留住青春，已成為社會地位的象徵。有些人一邊享受低卡路里的健康晚餐，一邊閒聊新的慢跑路線。有些人去醫美診所或上健身房。然而，這些人忽略了身體會定期提供最天然的永保青春計畫；這計畫與睡眠息息相關。許多人工作繁重，經常大量犧牲睡眠。企業主及大部分的政治人物甚至認為，睡得少代表工作表現佳，抗壓力高。

這完全是短視近利。請別再讓有這些想法的人掌握著你我的「生殺大權」。睡眠有助於讓人由內而外變得年輕，並恢復新陳代謝的平衡。在睡眠狀態下，人類體內數以億計的生理時鐘會彼此溝通並同步化。這就是充足睡眠者身材比較苗條的原因之一。

在睡眠狀態下，免疫系統、循環系統、皮膚、肝臟、肌肉等器官開始淘汰老化細胞，生成新細胞，對抗感染與發炎。只有在深度睡眠的狀態下，身體才會釋放出生長荷爾蒙。因此，充分的睡眠可以讓人保持健康、青春、有活力。

運動員從前會偷偷違法施打生長荷爾蒙。如今他們領悟到，合法的荷爾蒙就是多睡覺，這麼簡單。教練與球團老闆也深刻體認到，賽季前的準備工作之一就是加強球員的休息睡眠啟蒙教育。他們會仔細規劃飛行行程，減少時差問題影響運動員的睡眠。德國國家足球隊隊員甚至攜帶特殊的個人化床墊入住選手村。

根據法國流行病學專家格德特凱瑞（Virginie Godet-Cayré）的估計：與睡眠充足的同事相比，睡眠不足者的請假時數高達兩倍以上。睡眠品質差者平均每年請病假五點八天，睡眠優者則請假二點四天。睡眠不足也會影響工作效率。加州睡眠醫學專家羅森金德（Mark Rosenkind）指出：睡眠品質欠佳者的記憶能力會下降約百分之二十，決策能力甚至下降百分之五十。

睡覺時，也需要消耗能量。睡眠與清醒時幾乎消耗等量的卡路里。人在睡眠時不吃不喝，而且睡得愈沉的人通常早餐胃口愈不佳，所以沉穩的睡眠是維持身材苗條的祕密。

睡眠時，腦部消耗了體內絕大多數的能量。如前所述，睡眠真正的祕密隱藏在腦部。睡眠時，腦部持續處與高速運作狀態，忙著處理腦子裡大小事務。例如：強化重要的記憶內容，修剪或刪除不重要的記憶內容，在神經元間傳送數據，恢復新的細胞連結等等。

這些運作過程可分為兩大階段。在第一階段裡，睡眠中的大腦首先會重新找出清醒期間所發生的重要特殊事件。然後將新的印象和相關的情緒產生連結。美國腦神經科學家史提高德教授（Robert Stickgold）提出：睡夢中的大腦會將重要的經驗裝進腦袋裡，然後刪除不重要的訊息。好的豆子裝進盆裡，壞的吃進嘴裡（取自格林童話《灰姑娘》），這就是大腦在睡夢所運用的分類處理模式。

在第二階段裡，大腦會將重要事件的記憶牢牢固定在大腦皮層，包括一切會造成恐懼、喜悅、快樂或痛苦的事件。然後在睡夢中刪除大多數在白天裡獲得的訊息，因為保留它們很浪費能量，而且會讓大腦愈發懶散。就這麼全數刪除，永不再見。

從睡夢中清醒之後，真得會變聰明喔。近年大量的研究結果顯示：一覺醒來之後，人類能夠明顯地精通之前學習的內容。這就是「睡眠學習法」！

倘若學習後兩天內沒有睡覺，那麼像騎自行車、打網球或彈奏樂器等透過實際操作而學到的技巧會被拋之腦後。如果學的是單字或公式等抽象事物，大腦會把它們放在暫存空間裡，然後在後續數日或數週內透過睡眠進行重複的資訊處理與記憶。

這些過程的重要關鍵似乎都發生在深度睡眠期。深度睡眠時，大腦皮層數十億的神經元會以每秒一至二次的頻率同時發生衝動。數年前，科學家利用無危險性的弱電流，成功強化了深度睡眠，進而提高了隔天的記憶表現。二〇一三年，柏恩教授的研究團隊利用同步化音波技術也完成相同的實驗。當然也是因為「超級深度睡眠」有助於受試者在睡夢中達成資訊處理的任務。

不久的未來，市面上肯定會出現第一款號稱能夠在深度睡眠期朗誦資訊的App，以強化提升記憶表現。但這必須先測量睡眠者腦波，而且發聲器的音波也必須完全精確地配合神經元的衝動波動。App應用程式能做到嗎？

柏恩的研究團隊也證實：一覺睡醒之後，人們會想起新的解決靈感。睡眠時，大腦會重新統整事物的關聯性，並找到不同的切入觀點。就這麼樣，隔天有了新想法，彷彿在夢中靈光乍現。

近來，柏恩教授轉而研究兒童的睡眠。與成人相比，兒童需要更多的睡眠，這是因為兒童的學習量遠多於成人。「兒童不僅睡得久，深度睡眠也多於成人。睡眠對兒童學習力的影響甚鉅。」柏恩最近發表的期刊論文指出：兒童不僅睡得比成人多且深；在睡眠階段裡，兒童將更多無意識或是含糊的短期記憶片段轉換成明確的長期記憶內容，成為他們永久的經驗寶藏，可隨時提取。

根據上述研究結果，早起上學的規定簡直荒謬至極，因為這些規定剝削兒童的睡眠，妨礙腦部進行睡眠期的重要任務。容後再詳述。

「以過往生命歷史為基礎背景，睡眠協助我們賦予當下相對的意義。換言之：沒有睡眠，就沒有意識。」我在二〇〇七年出版的《睡眠之書》（*Schlafbuch*）即已做出這項推論。迄今，新的研究結果印證了我當年的推測。睡眠至少占據我們三分之一的人生時間。難道真的要讓社會制度繼續剝奪你我的睡眠，妨礙這個謎題一般的「第二狀態」嗎？

柏恩教授總結：「人類必須睡覺，以維持精神活力與免疫功能。」年齡增長，深度睡眠量越少。專家認為，深度睡眠減少與老化及學習力下降有關。

美國最近的一項研究甚至指出：老人記憶功能下降與深度睡眠減少有關。因此柏恩教授相信，深度睡眠能夠「優化神經元」，所以促進深度睡眠的藥物及科技應該很快就會上市並且普為流行。睡足加上睡熟，才是「積極抗老化」。

柏恩教授的研究揭開了睡眠謎底。他於二〇一〇年榮獲了萊布尼茲科學獎，國際間獎金最高的科學獎。他應該知道自己在說什麼吧！哎呀，假如柏恩教授不必忙於研究，或許就可以去說服企業主及政治家來相信「能好好睡覺的人有福了」！社會一定會感謝他的。

睡眠不足的社會

現行與睡眠有關的政策令人失望。雖然大家慢慢了解睡足睡飽的重要性，但實際上很多企業主、獨立創業者及中小學生都律己太嚴或被過分要求，導致他們必須犧牲休息，睡眠時間愈來愈少。

自由業者如果營業額差，就會被迫超量工作。德國聯邦統計局資料指出，企業員工加班亦屬家常便飯。約七成的高等學歷者及三成八的企業主管每週上班超過四十八小時。德國工作人口約一千七百萬人，每週工時高達六十小時以上。

許多公眾人物為了證明自己的重要性，都刻意強調自己幾乎沒時間休息睡覺。據說，德國博德曼媒體公司（Bertelsmann）前總裁米德霍夫（Thomas Middelhoff）每天晚上只睡三小時。德國鐵路公司董事長顧儒伯（Rüdiger Gruber）表示自己每天的睡眠時間僅四小時。

德國某位女性脫口秀大師說：「對我而言，睡四小時就夠了。我又不是母牛。」她或許不瞭解，和其他哺乳動物相比，母牛需要非常少的睡眠。

據稱，美國前總統歐巴馬說過「四小時睡眠必須足夠」這句話。德國梅克爾總理承認，她需要多於四小時的睡眠，弦外之音卻是她未必有時間可以休息。梅克爾說：「我懂得儲存精力，不過在需要充電的時候，就會一次補眠十至十二小時。」很顯然，她對睡眠生理學略知一二。但她真的擁有充足的睡眠嗎？

由科學的觀點來看，漏夜馬拉松式的重要協調會議極為不妥。因為十七小時沒闔眼，工作效率就像喝醉酒一樣差，彷彿血液酒精濃度達百分之零點零五。如果早上七點起床，到凌晨都還在開協調會議的政治人物不就等於「醉茫茫」嗎？

如果二十四小時沒睡覺，那麼我們的反應速度就像血液酒精濃度達百分之零點一的醉酒者。在這樣的精神狀態下，或許可和人達成共識，卻無法做出好對策。如果政府高層人士都能睡眠充足，國家一定可以欣欣向榮！

前漢堡市長伯斯特市長（Ole von Beust）就是政治人物的優良楷模。在二○○八年市長競選期間，有人問他用哪一招來讓自己放鬆。他的回答是：「早早上床，多睡覺。」投票日當天，他十點半才現身投票所，因為終於能夠好好睡到自然醒。真讚！

對抗長期睡眠不足的問題必須靠每個人的努力。你每天花多少時間在購物、娛樂、運動、看手機或玩遊戲呢？我們必須捫心自問，並且釐清這些議題在生命中的排序。究竟是工作重要？休閒重要？還是充足的睡眠比較重要？

將睡眠視為最重要的人，將會發現他們雖然縮短了工作時數，減少了休閒活動，但是身心狀況卻大幅好轉，而且工作變得游刃有餘，甚至能在更短的時間內完成平常的工作，更能享受休閒時光，更願意參與，對休閒活動擁有更多喜悅。

相反的，睡眠不足者工作效率不彰。有空時，提不起勁去從事內容豐富、具挑戰力與創造力的活動。

睡眠充足的人生充實多了！

美國賓大的睡眠醫學專家巴斯納教授感嘆說，雖然眾所皆知睡眠有益健康，然而多數人卻重視其他事，遠勝於充足的睡眠。巴斯納教授分析現代人的時間運用行為之後，發現「睡眠已淪為籌碼」。大家通常會先放棄睡眠。「工作愈多的人，睡眠就愈少。」相反的，有人會願意放棄休閒時間嗎？

晚上大家看完電視，上床的時間都差不多。工作量很大的人可能必須熬夜或早起。對睡眠需求大的人來說，早上起床時根本就覺得自己無法真正清醒。

在缺乏睡眠的社會裡，大家的問題都是連續好幾個晚上都只能睡四到六小時。眾人每天的生活裡充斥著商務會面、旅行、加班、文化活動、運動、殺時間的看電視及上網。睡得夠不夠，似乎不重要。數週或幾個月之後，就累積了一筆相當龐大的睡眠債。

加上大多數人都有睡眠障礙。十分之一的德國人長期失眠，亦即很難入睡或睡眠常間斷，嚴重影響白天生活。二十位失眠者當中，有一人必須就醫治療。其他國家的情況也相仿。而且，睡眠障礙不僅僅是工業國家的問題而已。二〇一二年，英國研究者史川格斯（Saverio Stranges）分析非洲人與亞洲人的睡眠行為數據，發現：貧窮國家的人民也為睡眠問題所苦。

然而，認為自己沒有睡眠問題的人才真正大有問題。因為他們始終低估自己的睡眠需求。柏林的睡眠醫師費澤（Ingo Fietze）表示：「睡得好的人，最不重視睡眠。」相反的，睡眠障礙者又過於專注自己的痛苦，「導致睡眠障礙問題更加嚴重，甚至會引發失眠」。睡得好的人應當學習同理心；誠如睡眠醫師穆勒（Tilmann Müller）所言：「在睡眠差的人面前，叨念著睡滿八小時的忠告，反而容易造成反效果。」

根據美國國家睡眠基金會的六國睡眠行為比較調查，德國人平均每晚睡七小時又一分鐘。日本人與美國人的週間睡眠數比德國人更少，分別只有六小時二十二分鐘及六小時三十一分鐘。不過，日本人與美國人習慣睡個午覺。墨西哥人及加拿大人的睡眠總時數與德國人相仿，英國人則介於其間（六小時四十九分鐘）。

在這六個國家當中，受訪者對睡眠的看法並不一致。調查出現矛盾的結果，例如每個國家裡約三分之二的多數人自認週間睡眠不足；但另一題詢問「在目前的工作節奏下，睡眠是否足夠？」三分之二的人也回答肯定。由此可見，人們並不太關心自己長期的睡眠不足問題。

人們每晚睡前多半做些什麼事呢？為什麼會延遲上床？答案令人驚醒：六成六至八成的受訪者睡前在看電視；四成的人睡前會玩手機，想必是打遊戲多於打電話。

文化對人類的夜間習慣影響很大：三分之二的日本人晚上也黏著電腦或平板，相比之下僅四分之一的德國人在晚上仍喜歡使用 3C 產品。百分之六十五

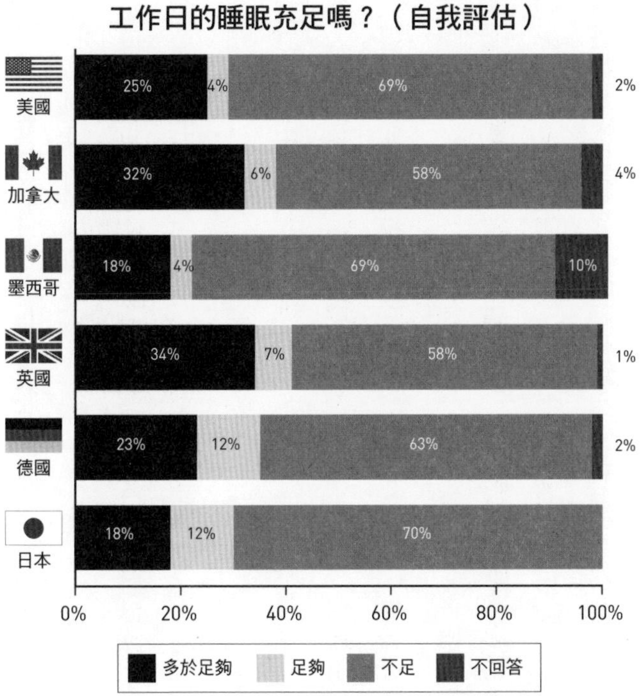

睡眠不足的社會：在許多國家裡，約三分之二人民的週間睡眠太少。

的墨西哥人習慣睡前禱告或冥想；這種放鬆練習很不錯，也有助入睡。四成德國人會在睡前禱告；會做這件事的日本人只占百分之五。

這項研究的共同持人羅森伯格（Russel Rosenberg）做出結論，指出：「長期睡眠不足是值得全世界重視的健康議題。」人們應該關閉手機和電視，多放鬆，習慣去營造舒適的就寢氣氛。「好好準備，讓自己能夠睡個好覺。這一定會改變你的人生。」

我們應當挺身而出，對抗睡眠強盜。全球的睡眠專家幾乎異口同聲地批評，目前的努力仍顯不足。學者穆勒舉例指出，雖然交通事故主因是疲勞駕駛，但實際上警察卻偏重取締酒後駕駛。穆勒認為：「警察應該在各大路口取締疲勞駕駛。」

美國賓大巴斯納教授則考量媒體消費行為對於睡眠的影響。「晚間電視節目對社會作息的影響最大。我們必須改變這一點。」如果晚上沒有電視節目，想必大多數人就會早早上床睡覺。睡眠醫學專家利曼教授（Dieter Riemann）提醒我們，在不知不覺中，許多人的睡眠都受到夜間噪音的干擾。

多年以來，德國著名睡眠專家祖雷教授四處演講，參加脫口秀，並且寫書苦口婆心地宣導睡眠的重要。二〇一〇年退休後，他投注更多時間在睡眠議題的公共衛生教育，盼望矯正社會大眾對於睡眠的錯誤觀念。祖雷教授強調，「第一：睡眠並非靜止狀態。它能幫助大腦鞏固新的記憶，因此想要擁有良好的記憶力必須先睡飽。第二：睡覺是勉強不來的。睡覺前必須心平氣和，放鬆，並有足夠的倦意。那麼，睡眠就會自動上門。」

為什麼夏令時間是個錯誤

先「瞎掰」一個故事。一九八〇年四月七日，德國各地掀起大型的自發抗議浪潮，洶湧波濤。數以百萬的學童不像往常一樣乖乖去上學，反而湧向各地的市府廣場。他們大聲咆哮、吹哨、怒吼：「還我睡眠！」許多家長也來聲援，他們不僅為子女的權益抗爭，也為了爭取自己的睡眠權力。當學童稍作休息的時候，家長便滿腔憤怒地接力吶喊：「我們寶貴的早晨到哪裡去了？被你們偷走了。」

工會呼籲勞工發起全面大罷工。接連幾天，整個社會運作完全癱瘓。抗議行動持續了整整一週。終於，政府低頭了。施密特總理在媒體面前公開宣布，即刻撤回夏令時間的新規定，大家不必提早一小時上班上課了。政府原本希望透過夏令時間政策善用夏季日光並節省能源。殊不料，人民竟然強烈抵抗這項政策。施密特總理表示：「我們治理國家，絕不違反民意。」並聲明將儘速撤回新法。

當然，這是一段虛構的故事。事實上，歷史完全相反。一九八〇年四月五日至六日凌晨，德國重新實施已終止多年的夏令時間政策。四月七日星期一，數千萬人必須提早一小時起床，但他們並未抗議。絕大多數人都累得跟狗一樣，因為他們的生理時鐘才不像床頭鬧鐘那麼好騙。

純粹就生理學而言，夏令時間就是將生活作息提早一個小時。三十多年以來，大多數人民就這樣每年受苦七個月之久，直到十月最後一個週日，時鐘才能撥回正常時間。

六月二十一日前後雖然是夏至（該日為德國睡眠日），但沒有人會認真關心。當夏令時間在十月下旬結束時，這一天整整二十五小時，才是真正的「睡眠日」。長期睡眠不足的人終於能夠痛痛快快地補眠一個鐘頭，而且不需要多加解釋。

話說十九世紀時，德國每個大城市皆有自行的時區規劃。旅客必須按照當地教堂時鐘的時間來調整自己的錶具。直到一八九三年，德意志帝國才將全國時間調整為統一的中歐時間。據說調整的主要原因在於，當時的鐵路員工必須在六十個不同時區內工作，實在複雜到不行！

一次世界大戰期間，開始實施夏令時間政策。為了節約能源，幫助受到戰爭影響的工業，並且善用日光時間，於是在一九一六年五月一日德國人將時間調快一小時。據說提出這個主意的是英國人，所以夏令時間被稱為 daylight saving time。三年後，這項政策停止。不過從一九四〇年至一九四九年，德國人再度於春季與秋季之間將時鐘調前一小時。一九四七年某段時間裡，時鐘甚至總共被撥快了兩小時。

如今批評聲浪愈來愈大。從多項近期調查可知，反對夏令時間者占大多數。二〇一三年，希格斯醫師（Hubertus Hilgers）發起廢除夏令時間的線上請願活動，短短數月內就收到五萬五千多人的連署簽名。

二〇一四年春天，巴伐利亞邦經濟部長暨副邦長艾格納（Ilse Aigner）嘗試為自己所屬的基社黨在歐洲選戰中加分，宣布將反對歐盟實施夏令時間政策。不久，基民黨大會也同意了類似的提案。顯然政治人物發現這個議題夯了起來。

為了避免惹惱任何人，基民黨決定巧妙迴避這項議題。相反的，基社黨以及艾格納副邦長卻明白表態支持全年夏令時間。這顯示：對人體生理時鐘及時間生物學，他們真的一無所知。

反對夏令時間政策的論點極具說服力。我們認為：與工業用電相比，一般民生照明設備的耗電量極低，因此夏令時間的調整並不具任何環保或經濟效益。相反的，在夏令時間裡雖可減少夜間開燈時數，卻必須額外在清晨打開暖氣，耗費更多能源。按目前的估算結果而言，夏令時間政策消耗的能源反而更多。

該項政策的缺點毋容置疑。英國研究指出，在實施夏令時間政策的頭兩天裡，交通意外增加。美國調查甚至發現，在實施夏令時間政策的第一天裡，心肌梗塞發病率提高了四分之一，原因可能是睡眠不足。秋季調回正常時間後的第一天裡，心肌梗塞發病風險相應降低了百分之二十一。

有些人需要一星期的時間，才能完全適應這個迷你時差。而且據說在夏令時段裡的就診病患數目比平時多出百分之十二；安眠藥及抗憂鬱藥物的處方籤數目也增加了。老年人及小孩似乎較難調整這項社會時差。這個時差問題遠比飛行跨越時區還要嚴重。原因很簡單：因為我們只是把時鐘指針調快一小時，卻仍在原地生活，大自然裡的日昇日落依照著原有節律，亦即外在環境訊號並未出現任何變化，導致人體的生理時鐘無法從環境中得到有助於夏令時間異動的任何線索。

「中央時鐘」是人體內所有生理時鐘的總指揮。夏令時間開始後，它完全無法提早轉換成夜間模式，於是人們會比平時晚一個鐘頭才感覺睏倦。這不僅僅是暫時現象，而是會持續整整大半年，直到秋天調回原時間為止。

這就是夏令時間政策的兩難。我們的作息被迫長期去配合提早的節奏，長達七個月之久。在夏令時間裡，日復一日，夜復一夜，我們的生理時鐘收到的都是人為的顛倒訊號。所以，總是走得太慢。

夏令時間暫時打破了平常的作息規律，不過時間的調整本身還算是個小問題，它帶來的負面後果卻不容小覷。夏令時間才是我們社會裡的頭號睡眠強盜。

對或多或少雲雀型的人來說，夏令時間的調整並不構成問題。就算每天作息提早一小時，他們還是一樣，早在鬧鐘響之前就已睡飽，晚上很早就有睏意。不過如第三章所言，雲雀型僅占少數。

晝夜節律中間型及貓頭鷹型大約占全數中歐人口的三分之二。在沒有夏令時間的情況下，他們已是週間睡眠不足，倍受「社會時差」之苦。夏令時間等於讓情況雪上加霜，尤其嚴重影響著學生及參加職訓的年輕人，因為年輕人的時間節律更傾向於貓頭鷹。

在夏令時間的晚上，天色很明亮，會拖延一小時才天黑。多數已經有社會時差困擾的人一直要到很晚才有倦意，但早上的鬧鐘仍毫不留情地把他們嚇醒。因此睡眠長度會縮短，不過人和人之間多少有些差異。睡眠研究結果顯示，長期睡眠不足就是這樣一點一滴累積起來的。

推行夏令時間政策之後，許多人在夏秋兩季裡都覺得自己總是有氣無力，又疲倦，又無法集中精神。罪魁禍首就是：社會時鐘與人體生理時鐘的時間差距又多出了整整一個小時。唯一的補救辦法就是不調整時間。

綜觀上述，政府必須廢除夏令時間。這麼做，能讓貓頭鷹及晝夜節律中間型變得更加健康、聰明與精力充沛。也不會對少數雲雀造成健康危害，頂多是讓他們在週末提早覺得累，無法長時間盡情享受夜晚活動的樂趣。除此之外，如果不再實施耗費人力物力的夏令時間調整政策，還能為國家與公司企業節省大筆的費用。

然而，為何大多數德國的政府官員卻希望全年實施夏令時間政策呢？或許因為多數決策者都是早鳥型，想從夏令時間得到好處？倍受夏令時間之苦的青少年尚未擁有選舉權，而他們的父母或許沒空去抗議這個人為刻意強化的社會時差。

不過，政府高層有責任為全民福祉著想，應該嚴肅看待時間生物學的科學觀點，盡早結束夏令時間鬧劇。

網友、廣播聽眾或社會大眾的印象是：贊成全年夏令時間政策者占大多數。他們理直氣壯的態度往往激動得嚇人，有些人甚至語帶侮辱地一再重複老掉牙的觀點，認為能趁明亮的夜晚天色多享受一些休閒時光，這樣很好啊！不宜剝奪這點個人樂趣吧！

乍聽之下，這些想法的確合情合理。但是事實上，每天早晨沒有鬧鐘起不了床的人占多數。他們抗議的音量比較小，而且他們幾乎無法繼續享受明亮的夜晚時分。因為長期睡眠不足，他們在太陽下山前便已累得半死，卻因為生理時鐘的緣故而睡不好。倘若再加上晚間的日光「助紂為虐」，勢必放大他們早晨的清醒障礙與起床困難。

坦白說，我推測有些長期睡眠不足者也贊成夏令時間政策。他們在討論時經常夾雜著激動的語氣，或許只是因為他們意識到自己的論點站不住腳。正如我在本書第三章的呼籲，假如上班時間能夠更加彈性個人化，那麼雲雀也不會反對夏令時間，畢竟他們可以提早一小時去上班，下班後同樣能享受較長的日光時間。

基於上述時間生物學及睡眠研究的結果，我們根本完全不需要討論全年夏令時間的議題。執意堅持者，若非出於自私覬覦選票，便是過於天真。匆忙草率的決定，反而壞事，俄國的例子就是最佳借鏡。二〇一一年，俄羅斯統一時區並決定採永久夏令時制。從此人民睡眠不足，怨聲載道，憂鬱症罹患率提高，生育率下降。這些是實施永久夏令時制帶來的不良後果。

多數俄國人盼望儘速回歸正常時制。二〇一三年初，俄羅斯的梅德韋傑夫總理（Dmitri Medwedew）下令進行相關的科學研究。二〇一四年七月，俄國國會決議，自同年十月起即改回永久冬令制。

因此，終結夏令時間制度指日可待。不過，德國或許必須面對更糟的的威脅，亦即面對全年夏令制。屆時德國人只有兩種選擇，一是去適應西南歐國家的生活作息，例如去適應西班牙人的生活作息：延遲上班上課時間、延長午休（Siesta），並且最早晚上九點才開始吃晚餐。另外還必須承受夏令時間帶給我們的更大痛苦後果。

第二種選擇就是：我們可以去模擬大自然裡正常的晝夜刺激。使用自然喚醒燈慢慢清醒，早餐前固定坐在光療燈下面照光，晚上則戴著太陽眼鏡晃來晃去。

Wake up! 計畫4：對抗睡眠強盜

憂鬱症、倦怠症候群、恐懼障礙等心理疾病、酒癮及毒癮等，是申請長期病假及提前退休的主要原因。現代人對這類疾病的敏感度已大幅提高，而且不少症狀是從前根本無法診斷出來的。不過專家證實，社會對於個人的「精神心理要求」的確大幅提高了。例如柏林的心理學家法蘭克・雅克比（Frank Jacobi）指出：「職場的工作要求已經讓有些人覺得不堪負荷。」

綜觀媒體的相關報導，大多僅概略提及職場壓力變大。其實基於生理學觀點，所謂不健康的壓力背後還有另外一條完全不同的導火線，那就是：長期睡眠不足。

睡眠醫學專家利曼教授表示：「心理疾病患者都出現了睡眠變化的問題。」許多專家認為，睡眠障礙、睡眠不足、內在生理節律失調已經不單單是憂鬱症與成癮症造成的後果，甚至是病因。利曼教授的結論是：「若能擁有多一點點的睡眠時間，將可明顯提高心理狀態穩定度。」

在此鄭重提出重要的 Wake up! 計畫，建議延長睡眠時間。下列訴求有助於積極預防疾病。而且只要有心，其實根本不難實踐：

❖睡眠、放鬆、運動、營養，這四樣缺一不可。許多人利用休閒時間健走或慢跑，努力遵循營養專家的建議，不假思索地嚮往「慢活」。但很少人真正領悟到：充足的睡眠與自然的時間管理模式，才是身心健康的源頭。全民預防保健計畫必須納入睡眠議題的衛生教育課程。你想要維護健康嗎？睡眠、放鬆、運動、營養這四點，都一樣重要。

❖必須取消夏令時間制度。硬是把生活作息提早一個小時，這讓我們內在的生理時鐘無福消受，且必須承擔其後果。這個制度起源於從前的年代，當時人們認為科技能夠戰勝人類生理。如今已證明這種想法荒誕不經。大多數人因為夏令時間政策而睡眠不足，這是有史以來出於政治動機的最大宗國民健康竊盜案。

❖實施「做四休三」的工作制度。或許產業界很難接受，不過仍應逐漸採行。最新的睡眠研究顯示，一週上班四天的制度完全物超所值，因為能為社會大眾的健康、體能與創造力大大加分。減少上課時數，對中小學生也有幫助，因為睡飽之後再啃書，學習才會更加起勁。

❖應該盡量遵循固定的睡眠規律。建議經常睡不飽的人每晚在固定時間裡上床。固定上床時間，對兒童特別重要。不過每個人的生理時鐘不同，上床時間也有差異。如果孩子沒有睡意，父母硬逼孩子上床不但無益，反而有害（稍後再述）。

❖重視所謂的睡眠衛生習慣。避免太晚喝咖啡，晚餐不要大魚大肉，晚上不過度運動，飲酒不過量，睡前也不看緊張的犯罪影集或恐怖片。說穿了，臥室裡不該放電視。臥室內的布置應盡量舒適、盡可能做好隔音，避免臥室溫度過熱或過冷，理想溫度約介於攝氏十八到二十度之間。

❖在放假時實施補眠計畫。晚上覺得累了，就上床就寢。早晨若太早醒來，不妨翻身再多睡幾分鐘。絕對不設鬧鐘，不與他人約早晨碰面。如此持續兩至三星期。

❖安排「休養生息假」。當員工已經過勞或睡眠不足地工作了一段時間之後，企業必須提供員工休養生息假。務必針對經常出差或長期加班的員工，提供事後補償的帶薪特殊假，讓他們多睡睡美容覺，好好休養生息。

❖限制加班時數。有遠見、懂得關心員工健康的現代企業主應當設定加班時數上限。達到上限時，必須以休假（最好是放睡眠假）換抵。

❖縮短商店營業時間。將夜間營業時間設定在九點，讓零售商店員工因此獲益。

❖更加有效地治療睡眠障礙。設立更多的睡眠實驗室與睡眠醫學專業訓練，以解決目前軟硬體設備不足的問題。

❖必須降低夜間噪音。做好交通車輛改道指引，盡量避免汽車在夜間穿過住宅區。繼續擴大夜間禁止飛機起降的區域範圍，並嚴格執行。

第5章 終結輪班制

日夜顛倒

前不久，二十二位受試者在英國一個與外界隔絕的實驗室裡停留數日。諸事似乎正常，只是時鐘走得不對。實驗裡的晝夜節奏彷彿在外星球，一天二十八小時。

雅徹（Simon Archer）教授等三位生物學家團隊構思了此項實驗。目的在於透過血液檢查數據來瞭解：對於細胞內時間生物節律的基因活動，生活作息異常造成之波動、改變與其強烈程度。

每天的時間長度被刻意延長四小時。整整三日後，第四天的生活節律正好比原來整整推遲了十二小時。受試者的生活步調彷彿將白晝變成了黑夜，將黑夜變成了白晝。這絕對會留下後遺症。受試者血液細胞內基因活動的自然波動變得非常弱，波動強度約降至原來的六分之一。雅徹教授指出：「因為上床時間錯誤，導致九成七的基因節律活動失去了同步化功能。這正好解釋，為什麼在調整飛行時差或輪班時差的時候，總是覺得身體不太舒服。」

雅徹教授在二〇一四年發表的這份研究報告令人印象深刻。其中提到，如果我們在應該睡覺的時候不睡覺，身體會受到很多折磨。如同其他無數的時間生物學研究，雅徹教授的報告最後也呼籲：人類與生俱來不適合在夜間工作。這一點無庸置疑。

生理時鐘訊號指揮著人體內所有的新陳代謝過程、免疫系統與神經網絡。正如雅徹研究團隊的觀察：輪班勞工、夜班勞工，以及必須長期忍受飛行時差的飛行員、空服員及空中飛人般的商務人士都喪失了自然的內在節律。

在他們的工作時段裡，像光線、活動及進食等重要的時間線索都發出矛盾的訊號。因為外在環境不斷地輸入錯誤的訊號，進而導致人體的中央時鐘和許多器官會喪失原有一致的節律。如果身體想睡覺，我們卻在吃吃喝喝、動腦思考或活動，這樣當然對健康不利。人體細胞的節律就像大大小小的齒輪，完美搭配在一起，方可形成複雜的時間感。如果節律一片混亂，長期下來就會讓人生病。

當代最大的一個困境就是，人類愈來愈肆無忌憚地過著日夜顛倒的生活。我將在本章詳細討論此議題，並嘗試找到突破困境的解決方法。

生理時鐘的自我調控

每次在我演講之後，聽眾都會重複詢問類似的問題，例如：人類可否改變先天的生理節奏？雲雀與貓頭鷹的特質可否互換？如果必須輪班，可以用什麼方法來調整工作效率巔峰期或低潮期，以避免因為輪班違反晝夜節律所帶來的負面風險？

我的答案都一樣，就是語帶保留的「可以和不可以」。人類能夠小幅調整自己內在的作息節律，但在調整之後，內在的晝夜節律仍然會恢復回與生俱來的基本模式。因此，矇騙生理時鐘的伎倆很快就會失靈。根據經驗法則，一天工作效率的高峰與低點最多僅可前後挪移兩小時，不可能再多。

想要改變內在的時間節律嗎？這個想法其實很單純。之前已詳細解釋過，為何人類的生理時鐘需要外在環境提供訊息，以便盡量走得正確。最重要的外在時間指標，莫過於明亮的白晝光線；亦即人類透過眼睛視網膜中特殊的「內在光敏視網膜神經節細胞」（簡稱為「黑視蛋白細胞」）感受到的白晝光線。自然的日光訊號直接影響位於中腦的晝夜節律活動神經細胞叢。依照局部細胞先天設定之基因活動模式，整體建構出局部細胞內在的白晝節律。白晝光線等外在環境訊息則協助加快、放慢或強化局部內在的生理節律。

除了白晝光線之外，進餐時間點及運動時間點等也會影響生理時鐘，不過影響力稍弱。上述這些活動會經由身體內的「反饋迴路」來影響腦部的中央時鐘。另外，黑漆漆的環境也會影響生理時鐘的節律。另一個強而有力的時間調

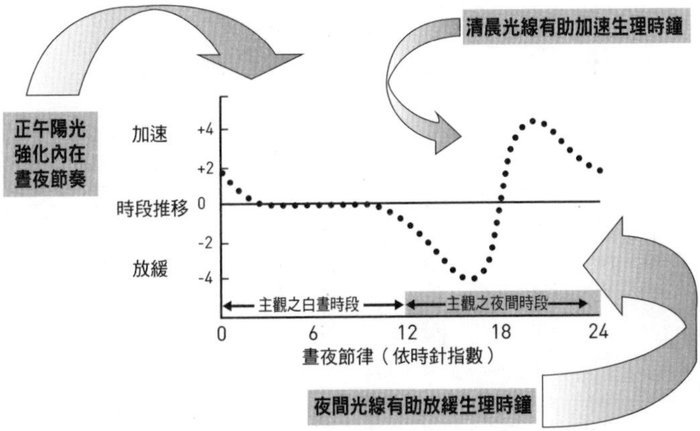

光線與時間感：白晝光線究竟是如何調控人體內在的生理時鐘呢？將個體「晝夜節律」的起點設定在起床時間（不須要鬧鐘的起床時間），定在X軸原點。在主觀夜間時段的中間點，亦即個體週間睡眠時段的中間點，會出現光線對人體影響的逆轉。在此之前，光線讓生理時鐘放緩；在此之後，光線則有助於加速生理時鐘。在主觀正午時段前後，白晝光線不再調快生理時鐘，而是加強生理時鐘的節律強度。

控因子就是褪黑激素。外在環境完全變暗之後，人體即開始在夜間分泌褪黑激素。

假設你被調成早班，或是需要搭機從德國前往韓國出差，因此打算調快生理時鐘，那麼建議你刻意改變所有的調控因子，讓生理時鐘「以為」它走得太慢，必須稍微往前衝刺一下。

因此，建議你增加早晚時段裡的光線接觸。最好在早餐前不戴太陽眼鏡到戶外走一圈。倘若時值寒冬，清晨戶外仍是漆黑一片，那麼就做個光照治療，或打開白晝模式的日光燈。然後，從下午至午夜時分盡量避免接觸過於明亮的光線。無計可施的情況下，則從下午時段開始戴上太陽眼鏡，同時降低電視機或電腦螢幕等人工照明亮度。

調整用餐及運動時段也有助校正生理時鐘。例如盡量提早早餐時間，而且吃得比平時更豐盛，提前在上午做運動，提前兩小時吃午餐與晚餐，並安靜度過晚間時間（詳見本書第八章）。這麼做之後，應該會不尋常地提早感到倦意。最佳情況是讓你提早一兩個小時上床就寢，隔天早晨亦可提前起床，並且精神抖擻。

理論上，若能在就寢前服用少量褪黑激素藥物，即可更有效地調整生理時鐘。不過德國規定，褪黑激素藥物需要醫師處方。這規定很正確，因為科學迄今仍無法確定長期服用褪黑激素是否會引起不良的副作用。最糟的風險就是服用時間錯誤，反而導致生物時鐘混亂，而無法達成原先的目的。

重複校正幾天之後，即可讓自己提早疲倦，並提早清醒。接下來如果真的從德國飛到韓國，你的生理時鐘即可明顯地配合當地的晝夜節律。如果不遠行，這項校正很快會觸及上限，因為生活環境當中的陽光，尤其是影響晝夜作息的日光變動並未與你體內的生理時鐘同步運行。

上述的調整方法十分繁複，而效果有限。但普通雲雀型的人可藉此搖身一變成為極端雲雀。從生物時間學的觀點來看，從事早上六點至下午兩點的早班工作，應該不會讓他們的健康出現問題。如果再搭配上日間光照模式的日光燈，並在下午及晚間避免接觸亮度過高的光線，即可延長保留這種極端的早鳥節律。

如果必須在晚間十點至清晨六點值大夜班，雲雀很難以相同的方法來調整晝夜節律。而且雲雀即使將生理時鐘大幅往後調，想從另一端來符合大夜班的工作節奏，也不可能成功。因為雲雀天生的晝夜節律實在和貓頭鷹相距太遠。

就算雲雀努力將生物時鐘挪後，嘗試整個上午待在漆黑的環境裡、中午才攝取豐富的一餐，晚間和夜半時分則盡量處於明亮的日光環境中，或眼睛盯著光療燈並從事運動。他們充其量只能變成一般型或中度貓頭鷹。最終只能考慮下午兩點至晚間十點的晚班工作，而不是大夜班。

對人數最多的一般型以及中度貓頭鷹而言，上大夜班完全不構成問題。他們天生就能夠適應大夜班作息，不費吹灰之力即可將生理時鐘往後挪，而且無損工作效率，幾乎沒有健康風險。

這些人如果從德國往西邊飛，例如搭機去美國，也比較容易適應飛行時差，或時差症狀較為緩和。

上述這些有關調整內在生理時鐘以及晝夜節律型影響等知識，既引人入勝，又讓人茅塞頓開。但事實上，商務人士肆無忌憚繞著地球趕場，無數員工任由輪班制擺布。因為排班制及出差規劃等都不會考慮時間生物學議題，這真讓人覺得不可思議。

改變的時候到了。

對抗時差問題

二〇〇〇年，程肇（Hajime Tei）及梅納克（Michael Menaker）兩位時間生物學者讓同僚覺得既興奮又苦惱。他們以基因改造老鼠進行實驗觀察，透過螢光成分來呈現老鼠生理時鐘的運轉節律。

老鼠的某些基因負責呈現特定的生物時鐘時間。研究者另將螢火蟲基因植入老鼠體內。當上述某條基因活躍時，植入老鼠體內的螢火蟲基因也會開始活躍。於是細胞開始合成螢光成分，之後便如螢火蟲一般發光。接著，研究人員讓老鼠陷入六小時的明顯時差，再透過細胞發光與否來觀察老鼠器官的時間感。

研究結果能夠完美解釋，為何時差讓人痛苦。大腦的中央時鐘能在六天之內適應新的時間節律，但位於肺部及肌肉組織裡大大小小的生物時鐘很難適應新的節律步調，並會有一段時間跟不上整體的生物時鐘節律。肝臟裡的生物時鐘更讓人無法信任。與其他器官相比，肝臟需要更多時間適應時差。

自此以後，時間生物學者便戲謔流傳說：「一個人從歐洲飛到紐約，他的腦袋會在五天後抵達，肝臟卻需要兩星期才姍姍來遲。」這些話雖然搞笑，背後卻存在著十分嚴肅的問題。因為梅納克與程肇總結表示：根據他們的觀察，時差絕對不健康，而且輪班制與長期時差極可能會令人生病。

事實是：航空公司國際線員工等職業空中飛人已出現學習與記憶力下降。他們的壓力荷爾蒙數值偏高，部分人甚至出現腦部萎縮，判斷可能是因為長期違反生理時鐘作息而造成神經元加速凋亡。

二〇一四年，美國研究員維塞（Sigrid Veasey）的實驗證實：讓老鼠處於模擬人類空服員的生活節奏中數日後，老鼠的藍斑核（Locus Coeruleus）附近約有四分之一的神經元會出現細胞凋亡現象。神經核團藍斑核負責控制注意力及內在興奮狀態，是警醒機制的開端，亦即當外在環境必要時，讓人維持清醒狀態的機制。

對違反自然晝夜節律的工作族群與睡眠障礙者而言，這項研究結果絕非福音。這項研究能夠解釋，為何飛行員及輪班工作者長期下來罹患失眠症的風險偏高。更糟的是，維塞強調，這項結果指出：長期睡眠不足可能造成無可逆轉的腦部損傷；然而不止於此，睡眠缺乏甚至還可能禍及其他腦部部位，進而影響注意力。

最簡單的解藥就是休息。機師與空服員如果出勤超過七個時區以上，而公司僅給予五天或更少的休假，導致他們容易出現腦部萎縮的疾病。出勤後若能休息兩週，亦即兩週之久無須面對時差問題，那麼他們便不會出現任何腦部萎縮的負面問題。最近的動物實驗也顯示：老鼠的神經元有一個分子保護機制，避免暫時睡眠缺乏帶來的負面後果；但如果睡眠不足成為常態，此機制便喪失作用。

因此，必須針對機師、空服員、輪班工作者及企業主做宣導教育。讓他們瞭解，持續時差及夜班工作並非雞毛蒜皮的小事，而是容易對身體和精神健康形成極度負面的長期壓力。如果生理時鐘經年累月缺乏必要的休息，大量累積睡眠債之後會造成無可彌補的損害。

經常出差的商務人士、輪班及夜班工作者們請注意！你們最重要的任務就是預防，請給生理時鐘，當然也包括肝臟裡的生理時鐘在內，自行調整校正的機會，以順應周遭的自然節律。

二〇一四年，德國漢莎航空的駕駛員與機師工會進行罷工，訴求重點在於設定退休年齡為五十五歲。或許下回罷工時，他們應當全力爭取較長的休假時間。那麼，儘管有更多的機師或許必須長年面對調整時差的問題，卻能維持健康直到退休。

對抗時差的策略琳瑯滿目。如果只是短暫遠行，就不需要事前去適應新時區，反而應該避免在家鄉的夜間時段裡進行重要會議。西向飛行者，適合將約會訂在上午；東向飛行者則視距離遠近，最好將重要行程安排在下午或晚間。

二〇一〇年，德國足球隊必須遠征三千八百公里飛至跨越四個時區之外的阿斯塔納（Astana），與哈薩克國家隊一較高低。因為上述概念，大會將鳴哨開賽時間協議為當地時間晚間十一點，因為那剛好是德國當地時間晚間七點，不僅降低了德國球員們生理時鐘的適應困難，也造福了德國家鄉觀看球賽的電視觀眾。

德國球員於前一天晚間十一點結束集訓，但依照球隊規定於凌晨三點就寢，隔天中午一點起床。飯店房間全都刻意拉上簾幕，製造黑暗的氛圍。這個延續家鄉作息時間的策略很顯然奏效了。德國隊以三比零大勝。二〇一三年三月的世足賽，又再次重複這些對抗時差策略，再次獲得三比零的佳績。

倘若遠行時日長，則適合事前將生理時鐘往前撥快（向東飛）或往後撥慢（向西飛）。策略程序如前所述。旅途中，甚至可利用內建照明燈的鴨舌帽輔助，讓旅客在飛行時選擇對的時段多接觸模擬日光。波音及空中巴士的最新機型裡有天花板照明，模擬日出日落及明亮的日光。自二〇〇三年起，達美航空便開始提供旅客機會做日光浴。

做日光浴時，旅客必須清楚自己是傾向貓頭鷹或雲雀，同時必須留意生理時鐘對新時區事先的適應程度。否則日光浴可能反而將作息節律推往錯誤的方向。

抵達目的地之後，最重要的對抗時差策略就是盡可能在日光下多走動，並多攝取早餐，以便給予生理時鐘明顯的時間訊號，協助其迅速調整。但如果從德國去東方國家長途旅行，則必須採行不同的因應策略，例如早晨緊閉旅館房間窗簾，營造暗黑的環境，並戴上太陽眼鏡。

晝夜節律屬於一般型的人，亦即休假日睡眠時段中間點落在約凌晨四點者，前往跨越八個時區的東方國家時，第一天中午十二點前應避免接觸當地的白晝光線。從正午十二點開始，則強烈建議進行日光浴。第二天將整項作息流程提前一至兩小時；其後依此類推。

荷蘭時間生物學者賽摩倫（Eus van Someren）在《時代週報》訪談中提及，阿姆斯特丹的歐克拉飯店（Hotel Okura）會專門提供預防時差的課程；客人可在飯店裡購買光療燈，利用它在適當的時間裡閱讀、工作，或帶去健身房運動。除此之外，飯店會提供「特殊時差餐」，是包括「燻鮭魚麵包、煮雞肉和多種乳酪」的早餐。「相較於一般早餐，這份早餐很明顯的是一份高蛋白質餐。

不過對住宿客人而言，卻恰恰好是他們需要的。」相反的，午餐不宜多，可選擇義大利麵等輕食。

這類時差講座當中的關鍵重點就是：好好休息一下吧！

我若是企業主，則會提早兩三天派手下出發去日本或巴西開會；或讓他們在旅途中工作；或者乾脆由公司出錢，讓員工們渡個小假。如此一來，員工會變得更健康、更加賣力工作。這就是對我的回報。

這麼做，員工才會在我們期待他們全力以赴的關鍵時刻百分之百精力充沛。反之，面對面的會議如果不那麼重要，何不樽節旅費，改成電話視訊會議便綽綽有餘了。

輪班制帶來的健康風險

雖然你已看過至少五次，已甚感厭煩，但容我再次強調：長期睡眠不足與輪夜班制度是當代最大的健康風險之一。定期輪夜或輪班工作者罹患糖尿病或肥胖症等新陳代謝疾病、心血管疾病、睡眠與消化障礙、心理疾病和癌症等風險大增，可能導致壽命縮短。

輪班工作者尤其容易罹患心理疾病，出現反應變慢、學習力與注意力降低、易怒等病徵。正如上述老鼠實驗所證實，罹病原因在於腦部神經元細胞的凋亡。臨床醫學特地將之命名為「輪班工作睡眠紊亂」。上大夜班的時候猛打瞌睡，白天卻怎麼也睡不著；這是所謂的「晝夜節律紊亂」。

與一般勞工相比，夜班工作者及輪班者罹患上述疾病的比率高出許多。他們的內在晝夜節律與外界環境的晝夜節律長期「不同步」，亦即出現時間生物機制運作障礙。長期下來，罹病率增加。

《明鏡週刊》早在一九七八年即提出「輪班工作吞噬健康」的說法。時至今日，情況並無改善。德國柏林時間生物學者昆茲教授表示：「輪班工作者罹患每一種疾病的機率都很高。」英國生物學家阿倫特（Josephine Arendt）研究過輪班快且工時長的鑽油井工人以及許多輪班工作者，她抨擊說：「換班制就是殺手。」

美國哈佛大學睡眠研究專家席爾教授（Frank Scheer）也提出相同的看法，只不過形容得較為委婉。他說：「證據強烈顯示，輪班制與嚴重的健康問題息息相關。」席爾教授的同事柴斯勒教授曾於《自然》期刊評論，再三強調世界衛生組織已將夜班工作列為潛在的致癌因子。

相對於上述這些鐵的事實來看，二〇一三年德國聯邦政府答覆左派黨團（Die Linke）議會質詢時提出的數據令人震驚。德國人在週末或夜間工作的人數持續增加中。二〇〇一到二〇一一十年間，德國輪班工作者數目從四百八十萬人增加至六百萬人。真是一個毀滅的趨勢啊！

放眼觀察實施輪班制的德國企業日常，同樣令人失望。一位企業醫師表示不可思議，她說：「企業目前的作法完全不正確。夜班員工如果犧牲休息替病假同事代班，公司甚至支付給他們特別津貼。事實上，徹底補眠的夜班工作者才應該得到獎勵。」

這位女醫師一針見血點到關鍵問題。在規劃排班方面，企業未來不僅不可絞盡腦汁地縮短員工的休息時間，反而應該給予飽受壓力荼毒並晝夜節律混亂的員工更長的復原休息時間。若能如此做，長遠應可降低長期病假員工人數，企業也不必為了彌補生產缺口而雇用新員工。

在某次工作坊，企業工會提到：「企業應當禁止延長工時的代班獎勵金制度。因為這極盡荒謬，員工收了津貼，卻讓自己工作到生病。」我也舉雙手贊同。但除了公會和我之外，哪些企業主會願意接受這個建議呢？

無論如何，德國《勞動基準法》明確規定，夜班工時須透過休假、輪班津貼或夜勤津貼等加以補償。「休假制」具有時間生物學意義；這種鼓勵不僅具有吸引力，同時亦有助員工維護健康。相反的，「津貼補貼制」明顯百害而無一利，因為它會加強員工的值夜班意願，進而提高其罹病風險。

相較之下，醫護人員及警察等必須定期輪班之職業族群的基本工資待遇並不優厚，因此希望透過夜勤及輪班津貼來提高薪資。這項事實真是令人沮喪。企業主是否藉以溫和施壓，讓員工因為不願放棄津貼而來值夜輪班？

以津貼利誘員工輪班或在基本工資綿薄的前提之下，員工一旦缺少加班津貼便不足以應付生活開銷。這種情況不是又「退化」回到早期的工業社會嗎？

窮人迫不得已，只能接受壓榨，在缺少尊嚴的條件裡不分晝夜地工作。企業如果取消輪班夜勤津貼，改而實施加班休假制度，那麼員工在選擇時除了考慮薪資之外，或許也會衡量該工作時段是否配合自己的生理時鐘節律。

目前，立法院無法立刻修法禁止輪班津貼制度，但至少他們已經瞭解夜班制度的危險。德國《勞動基準法》第六條規定：「根據勞動科學研究，夜班制及輪班制必須符合人類作息。」然而勞動實況卻恰恰相反；幾乎所有的夜班與輪班工作都不符合人性。遺憾的是，企業雖然違反這條勞動法規，卻不需要負責後果。

雖然目前的德國法令規定，夜班者與輪班者享有職業醫療健檢福利。但這對勞工朋友的幫助並不大。首先，企業並未公告《勞動基準法》，極少履行告知義務，也忽略詳細記錄夜班員工的起迄工時時點。顯而易見，這些都是違法行為。

總而言之，《勞動基準法》的修法刻不容緩，而且必須更徹底加強條文解釋，並執行嚴格的勞動檢查。科學研究已朝此方向努力許久，例如如今我們更瞭解個人化工作時段的概念，並懂得調整生理作息以提供工作效率的方法。

不過，針對新型態的輪班制度與其影響，目前還缺少大型研究及確實的支持數據。想讓生理節律專家替未來的輪班工作制度建言，恐怕仍需耐心等候數年。在這段期間，只能盡量多方嘗試降低夜班制度的健康危害。

科學家已經竭盡全力研究。針對所有輪班工作的比較，業已完成前驅探討，但並未針對工時替代方案進行實驗。目前的結果並不一致。這些研究與福斯汽車、賓士汽車及蒂森克魯伯鋼鐵（Thyssen-Krupp）等大型企業合作，期盼能儘快開發出全新的工時概念與方案。

首先，必須區別輪班制度的定義。如果某工廠實施「兩班制」，從早晨六點到下午兩點及下午兩點到晚間十點。第四章已詳細解釋，許多人的生理時鐘皆可配合這樣的工作時間，因此不怕找不到工人。如果能選擇真正適合自己的上班時段，或依其內在晝夜節律自由選擇上班時間，即可大幅降低疾病風險。

嚴格說來，這樣的兩班制並不符合狹義的輪班工作定義。

如果因為生產線必須隨時配置固定人數，無法在企業裡實施高彈性的上班時間制度，那麼建議依據員工天生之晝夜節律類型長期安排在某個適當班次，例如安排雲雀上早班，貓頭鷹上晚班。不宜讓員工輪流早晚排班。

二十四小時全天候的勞動情況更為複雜。歐盟為了降低輪班制造成的健康風險，這幾年委託羅納保教授研擬新的方案。他建議：「讓晨型人擔任早班工作，夜貓子上夜班。」至於介於兩班次之間的晚班，「反正幾乎不會有人覺得是負擔」。

雖然這位時間生物學家必須提出科學證據來證明他的建議，不過這項建議在理論上是站得住腳的。誠如羅納保教授所言，針對目前的上班時間規範而言，大多數德國人的生理時鐘都走得太慢，而且接觸到的日照太少，導致多半在晚間時段才會進入效率顛峰期。根據統計，九成三的民眾連適應朝九晚五的規定都有困難。真是令人難以置信。晚班反而比較合乎多數人的內在作息節律。

可惜另一方面，這又和我們所習慣的休閒時段互相衝突，因為我們的休閒安排大多固定在晚上。如同第三章所言，大家何不逆向思考，將休閒活動安排在上午，或將休閒嗜好平均分配在一天裡的各個時段裡呢？

理論上，若能將早班提前至清晨四點鐘開始，夜班的工作時段即可適合最極端的兩類型來擔任。極端雲雀必須將自己的生理時鐘調快一點點，提早起床；貓頭鷹則必須延遲上床時間。整體而言，提前早班的策略只會增加一些微小的個人負擔。

若將早班挪前至清晨四點開始，就必須增加清晨車班，這又會造成運輸系統的員工困擾。由此小細節便可知，未來輪班制的規劃必須考量多方因素。第一，工作時段必須符合最大多數的生活作息模式；第二，必須盡量縮減夜班工作規模。

雖然似乎不可能同時達成上述兩項訴求，但可另闢實際的折衷辦法。

Wake-up! 計畫5：我的夜晚和你不一樣

早在十幾年前，英國時間生物學家阿倫特與拉雅拉南（Shantha Rajaratnam）就在權威醫學雜誌《刺胳針》中呼籲：「不符合生理時鐘的工作時段規定會危害國民健康，進而耗費無法估計的社會成本。」當時這項言論或許還稍帶煽動色彩，但如今全體時間生物學家及諸多國民經濟學者都同意這項說法。

兩位英國學者更提醒眾人，違反生理時鐘的工時規定帶來的不僅止於高額的健康風險。因疲倦過勞而發生的意外事故，耗費全球八百億美元的補償費用。交通意外主因在於睏倦感。違反生理時鐘的負面影響還包括生產力下降與工作效率低落。

基於相同的原因，二〇一三年三月號的《紐約時代雜誌》也提出警告，美國企業因員工長期睡眠不足導致效率低落，會造成一年六百三十二億美元的經濟損失。時間生物學家阿倫特與拉雅拉南更認為，這也造成了許多社會問題與衝突，因為許多人必須在他人放假休息的時候辛苦工作。

另外根據推測，許多大型恐怖災難的發生原因都要歸咎於員工違反本身生理節律而犯下過失。例如惡名昭彰的車諾比核災、三浬島核事故，以及印度博帕爾（Bhopal）氰化物外洩事件意外均發生在深夜。雖然工作人員都受過精良的訓練，而且事前也充足睡眠，但處於夜間模式生理時鐘的大腦注意力欠佳、決斷力薄弱，難以在關鍵時刻做出對的決定。

至少讓我們一起正視下列的 Wake up 計畫！反對夜班、反對輪班制度、反對社會時差。希望減少二十四小時社會必須付出的高額代價。

❖盡量限制實施夜班制：亦即減少晚間十點至清晨六點的工作。但少數幾類重要的職業除外，例如急救醫師與醫護人員、消防隊員、警察單位、能源供應設備監控中心等。應允許這些職業別繼續全天候待命。

❖提高輪班及夜班職業群體的薪資：總體而言，必須輪班及夜班的職業群體應當獲得更優渥的待遇。並撤銷做為利誘的「夜勤津貼」，以更多的休假補償取而代之。

❖於特殊例外狀況下，在劇院、音樂廳、體育館、郵政單位、大眾運輸系統的工作人員或送報者，宜考慮在例如晚間八點至凌晨四點或凌晨一點至九點等非工作時段上班。但事前必須接受與生物時鐘相關之職業健康諮詢，避免節律類型不恰當者接受這類工作。

❖廢除滿足生活舒適感與便利的夜班工作：例如一般商店不需要在夜間營業，電話客服中心也不需要夜間待命（或考慮從地球另一端提供夜間服務）。

❖廢除二十四小時全天候的輪班制度：這項制度嚴重危害生理時鐘，早已落伍。應安排員工接受符合其個人節律類型的班次，或透過微幅調整生理時鐘來降低健康危害。在目前盛行的三班制制度當中，應規劃讓貓頭鷹以及中度夜貓子輪流上晚班與夜班；雲雀以及中度早鳥型可以在早班與晚班間輪調。

❖調整三班制時間：早班從清晨四點到中午十二點；日班由中午十二點至晚間八點；夜班則從八點到清晨四點。安排早鳥型在日班及早班之間輪動；夜貓型則在日班與夜班間替換。

❖考慮採行四班制：將工時訂為每週上班四個六小時。視員工生理節律類型，固定安排他們在兩個鄰近班次之間輪替，如此他們僅需稍微調整生理時鐘便可做到。

❖推動補假制度：調換班次之前，應給予員工兩個工作日或更長的休息天數。雖然目前尚未實施每週工時三十小時制度，不過建議將休息日時數併入薪資計算，發給真正休息的員工。

❖應視旅程長短，准許出差多日且跨越三個時區以上者提前一至三日出發。回國後，亦應獲得一至三日帶薪假。短程出差者無須休假。當地的公務行程應當盡量安排在等同於故鄉的白天時段裡。

❖善用通訊資訊科技：企業主應推動以電話及視訊會議取代公務出差。在網路時代裡，應善用通訊資訊科技。

❖提供航空從業人員更加詳盡的時差風險教育。跨越七個時區以上的長途飛行數趟之後，機師與空服人員的生理時鐘被迫多次調整，因此有權要求至少兩週的休假，但休假期間不應跨多時區旅行。

❖學習自我調整生理時鐘：在換班或長程旅行之前應善待自己，事先透過日光浴、飲食計畫及活動等，調整自己內在的晝夜作息，以適應目的地國家之晝夜節律。政治與產業界也必須加強投入相關的宣導教育。

❖為使員工能充分準備換班並配合社會環境，必須最晚在三個月前公告輪班計畫，告知員工。如今，已有公司企業會在半年前公告換班計畫。

❖上述方案或許無法完全實現，卻值得學習順應科學新知，重新思考傳統的輪班制度。我的建議能否減少輪班制度對員工健康及工作效率的影響，尚有待科學檢驗。上述訴求也對企業有利。企業應給予財務與後勤支持，例如推動符合時間生物學的新型輪班制度，委託研究並評估研究結果。

第6章
為了學生，不是為老師！

愈晚愈有活力的青少年vs.聞雞起舞的老年人

朋友舉辦了四十歲的慶生派對。聲勢浩大的歡慶場面，不禁讓人想起大學時代的瘋狂舞會。面前是精緻的餐點，高貴優雅又溫醇順口的葡萄酒，小樂團彈奏著超正點的爵士樂曲。

毫無疑問，這場派對相當成功。只不過，逐漸接近午夜十二點的時候，怪事卻發生了。愈來愈多的客人開始語焉不詳，愈發沉默，酒杯早已換成了水杯，忙著掩飾自己哈欠連天。不久，賓客接二連三地開始向主人告辭。

離席的理由是孩子的褓姆突然來電，請爸媽回家接手；或隔天一大清早有緊急公務，因此倦意提前報到；或是隔天必須早起送孩子去踢足球；更有人乾脆說頭痛發作，或表示他們整整累了一整個禮拜：「你知道的，就是這樣。」「不過你的派對真棒！」「沒有我，你們也可以繼續嗨下去。」

還不到凌晨一點，會場裡只剩下派對主人、主人唯一的妹妹以及三位不知悔改的學校死黨坐在一起。他們百思不解，派對怎麼突然閃電結束了？他們想，怪了，當年我們都狂歡到凌晨四點啊！而且幾乎是跟同一批人。今晚的派對難道很無聊嗎？

當然不是。派對很成功。只不過，中年人傾向比年輕人提早結束派對。當我和妻子疲憊不堪回到家時，年輕的褓姆高興萬分：「太棒了，你們回來了。我走了，去夜店找朋友囉！」我和妻子痛苦相視。從前我們夜夜笙歌，可是現在呢？

青少年子女常打工當褓姆賺取零用錢，這通常會擠壓到家庭共同的活動計畫。進入青春期的他們，愈來愈喜歡日夜顛倒的生活。深夜裡，當他們神采奕奕回到家裡，父母往往已經半睡半醒地睡了好幾個小時。

第二天早上的情況完全相反。如果是週末，隔天不必早起上學，他們當然想在週末前一晚的聚會裡盡情歡樂。於是遲歸，隔天起不了床。即便父母等到上午十一點或十二點才叫醒他們，也會換來臭臉和牢騷。至少還得多等半小時，青少年子女才會真的起床。

我並未抱怨。青少年晚上不準時上床、早晨無法早起是十分正常的事。我瞭解也諒解，在青少年這類極端貓頭鷹行為的背後，隱藏著時間生物學因素。青少年晚上精力充沛的原因並非為了叛逆或娛樂成癮，而是因為他們內在的生理時鐘。

人類年紀小的時候，表現出來的行為卻恰恰相反。新生兒最初的作息完全不同於一般的晝夜節律；他們遵循四小時節律，晚上也不例外。六個月到一歲這段期間，才發展出以二十四小時為單位的晝夜作息，並伴隨著整個人生。不過，嬰幼兒幾乎都是早起的鳥兒，專門折磨睡眠不足的父母。隨著逐漸長成青少年，亦即進入介於青春期和成年前期之間，人類卻明顯變成了夜貓子。其後又會改變；進入成年中期之後，人們晚間逐漸提前疲倦，晨間也較早醒。

因此，晝夜節律類型並非僅由基因決定，亦會隨著年齡而出現獨特的改變。早在二〇〇四年，慕尼黑羅納保教授做了一項兩萬五千份的問卷調查，結果確定了極端貓頭鷹或極端雲雀的年齡層分布。在德國人當中，隨年齡而改變的兩種極端型與基因主導之基本生理時鐘類型有所交集。

睡眠行為傾向會在生命階段裡反轉。這是適用於所有人的規律發展，原因未明。但諸多跡象顯示，與年齡有關的荷爾蒙變化，例如生長激素及性荷爾蒙會影響生理時鐘的速度。

雖然父母或師長經常給青少年冠上罪名，認為他們因為叛逆反抗成人世界，所以才日夜顛倒地留連在遊樂場所或與朋友鬼混。但事實上，青少年夜間根本就缺乏倦意。這似乎有其生理層面的重要性，也不會因為父母逼迫他們早睡早起就能改變。就算徹夜未眠，讓他們白天裡倍感困倦，晚間卻依然生龍活虎。

孩提時代就比同儕早睡的人在進入青春期及成年之後，也不會改變這種習慣。但在青春期後段，他們會變成夜貓子。這是前所未有的行為，往後也不會出現在他們的人生當中。

由此可見，在每個年齡族群當中，一些人天生的生理時鐘節律比較傾向於貓頭鷹，另一些人則傾向於雲雀。整體而言，女性比男性更偏向於雲雀。不過，鐵的事實是：大多數的青少年，不論男女，都會變成十足的「貓頭鷹怪獸」，而大部分的銀髮族卻會轉變成為極端的雲雀。

這群銀髮族一大早就急著起床，完全是朝氣勃勃的退休族代表。有人戲稱此現象為「老來聞雞起舞」。然而這並非睡眠障礙，只不過是老年人的晝夜節律往前挪動了。他們的睡眠總量幾乎不變，但會提早就寢，而且還經常睡午覺。

於是，聰明的年輕爸媽就懂得巧妙利用這個現象。雲雀祖父母來訪時，週日早晨就被指派去和早起的小孫子一起冒險。偏貓頭鷹的年輕爸媽便可以安安穩穩地繼續呼呼大睡，重溫青春年少行徑。

慕尼黑大學的時間生物學家從數據中找到第一個可靠的方法，能夠計算生物學觀點的成年期起始點。不過，他們謙稱只是發現了第一個「結束青春期的生理特徵」。

無論如何，節律類型發展的轉捩點與生物學觀點的成年起始點恰好同時發生。這與個人生活方式無關，不具城鄉差異。隨著年紀增長，愈來愈傾向於雲雀的現象也是人人皆然。

羅納保教授指出：「女性的成年轉折點平均在十九點五歲，男性則是二十點九歲。」女性的成年起始點比男性早。

因此，奉勸青少年的父母牢記在心，務必讓青春期孩子在週末好好睡個夠！他們的確有此需要。當今社會的日常生活步調壓根就和國高中生、專科生及大學生的生理狀況格格不入。社會時差「凌虐」青少年，青少年卻幾乎無法改變內在的生理節律。因此，父母更應該著手改造青少年的日常生活結構。

有句話說：「青年是我們的未來。」既然如此，又何必虐待他們？我建議延後第一節課的上課時間，以配合莘莘學子的生理時鐘。上課時間不是為了教育部長、校長及老師而設計，而且這些人可能因為年齡漸長而偏向於雲雀型。他們每天清晨都能自動醒過來，因此往往無法理解青春期學生的起床困難。

教育部長及學校校長們，當你們早晨精神抖擻，晚間提早疲倦的時候，請不要認為這屬於你個人的豐功偉業。這無關個人紀律或意志力，只不過是你因為「年齡而得來的生理節律恩賜」罷了。

三更半夜上課

二〇〇六年，路德維希堡師範大學某位年輕學者的研究引起全德騷動。《明鏡線上》、《週日世界報》及多家報章雜誌均針對「晝夜節律類型與中學畢業考之相關研究」的結果做了大幅報導。

這位蘭德勒教授（Christoph Randler）如今任教於海德堡大學。他當年究竟有什麼轟動的發現呢？他分析了一百三十二位大學生的晝夜節律類型，並與其中學成績做關係比較。結果令人詫異：愈傾向貓頭鷹的人，中學畢業考試成績愈差，但一般的貓頭鷹絕對不比一般的雲雀成績差。於是蘭德勒做出結論：「有鑑於目前的上學時間規範，晝夜節律『晚』的學生成績表現嚴重居於劣勢。」

高中畢業年齡介於十八至二十歲之間。若從生理時鐘觀點分類，高三學生泰半都屬於貓頭鷹。他們比成年人需要更多的睡眠。絕大多數貓頭鷹的睡眠時間約莫從凌晨一點至上午十點。至於少數極端的貓頭鷹，睡眠時間最早應在凌晨兩點至上午十一點較理想。反之，極端雲雀的睡眠時間應介於晚間十一點至上午八點時段較佳。

德國高中畢業考試上午八點開始。對大部分的高三學生而言，生理時鐘尚處於半夜。難怪愈偏向極端貓頭鷹的考生，成績愈差。幾乎所有學生都必須早於自己的生理時鐘起床，而且睡眠不足。第一堂考試鈴響時，腦袋真正清醒者極少；尤其生物時鐘特別晚的人更可能考試成績不理想。離他們的精神效率高峰期還有好幾個小時，社會卻要求他們正常運作。

蘭德勒教授很貼切地表示：這項數據不在於證明早起的鳥兒比夜貓子來得聰明或勤奮，只是顯示「早鳥們很幸運，能夠在精力充沛的時刻裡參加考試」。

本書第三章已詳述，一半以上的國人都必須忍受週間早起的痛苦。僅由此可見，我們這個社會系統化地歧視貓頭鷹型的人，而且這個現象在校園裡尤其嚴重。

幾乎全數國高中學生都被要求必須接受不合理的社會時差，但他們偏偏是最需要睡眠的青少年。學習是學生的任務，而執行這項任務的大腦正需要睡眠。睡眠不足的頭腦，接受新知的能力有限。唯有充足的睡眠，才能幫助學生去處理學習到的知識。

我們的社會為何偏偏強迫學生在週間累積出如此龐大的睡眠赤字呢？他們即使在週末補眠，往往也無法平衡這些睡眠債。父母既然期望青少年子女學業優異，為何又刻意阻止他們好好睡個飽呢？

如何對成績差的學生進行補救？時間生物學家及睡眠研究專家幾乎不約而同開出第一劑處方，就是：至少延後國高中生的課程開始時間。因為國高中生及部分年輕大學生的睡眠不足問題，比其他社會群體來得更加嚴重。

觀察生命週期各階段個體的睡眠長度，首先會發現：兒童期至成年期個體的睡眠量持續減少；之後一直至成年晚期，個體之睡眠量幾乎持平。

真正有意思的是德國人在週間與週末的平均睡眠量比較。約自二十五歲起，上述兩項平均睡眠長度約出現三十至六十分鐘的差距。這就是一般的社會時差數值。這些數據也符合本書第四章提過的美國國家睡眠基金會的研究結果。

十歲以下的兒童以及六十五歲以上的老人幾乎不會出現社會時差現象，傾向於雲雀型的兒童尚可順應外在的社會節奏，老人多半已退休，所以能夠自由調整睡眠時間。

十五歲至二十歲之間青少年，週間與週末的睡眠長度差距拉長至一百五十分鐘。（注意：此乃平均值！多數青少年呈現出來的社會時差甚至更大。）

什麼原因讓青少年在清晨像是筋疲力竭的殭屍呢？主因在於三大不利因素同時出現。第一，青少年比成年人需要更多睡眠。第二，青少年內在的晝夜節律延遲。由於特殊的生理發展，青少年的生理時鐘特別延後。他們可謂是「猛獸級貓頭鷹」。第三，學校課程的開始時間都規定在上午八點或更早。

我們能夠改變的只有第三點，而且應該儘快。

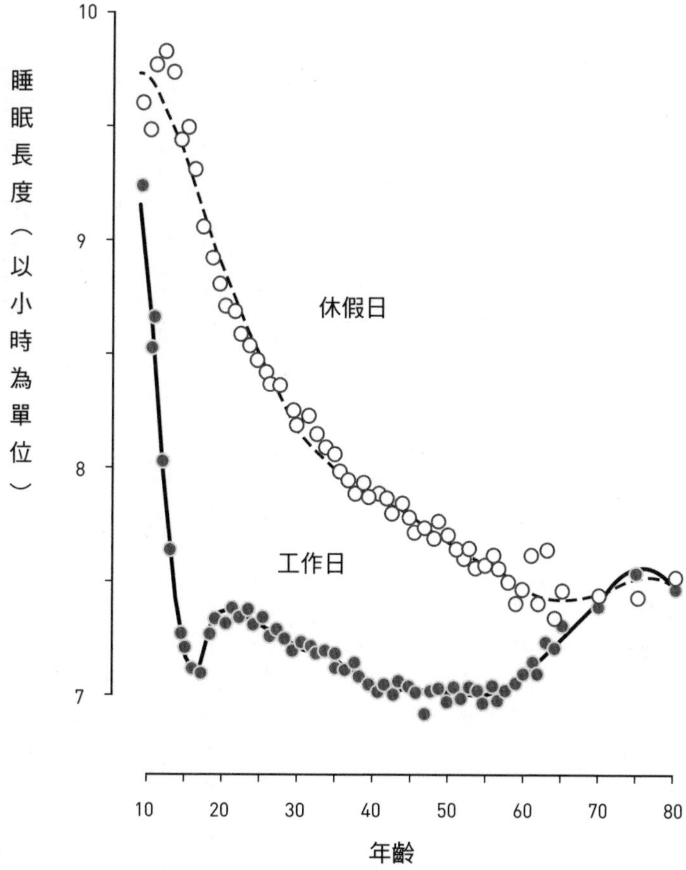

人生週期睡眠長度的演變：隨著學齡階段開始，個體的週間睡眠量比週末睡眠量少（以休假日及工作日做為分類依據之睡眠量自評）。這個模式一直持續到退休年齡階段。睡眠量差異最明顯的時期，出現在青春期。基於統計學觀點，平滑曲線中間值的些微差距可忽略不計。

為什麼孩子應該晚點上學

牙買加、坦尚尼亞、智利、冰島、馬來西亞、希臘及克羅埃西亞等國家究竟有何共同點呢？這些國家因為缺乏教室或師資，必須實施兩班制上課。「上午班」上午八點至下午兩點上課；「下午班」下午兩點至晚間八點上課。每週輪流。在單數週必須一早就到校讀書的學生們，奇數週就輪到下午班。另一半學生則反之。

你一定在想，這狀況真是混亂。然而事實並非如此！兩班制輪流上課雖是迫不得已的措施，卻對學生有利。因為兩班制制度，牙買加、克羅埃西亞、智利等國的學齡兒童一週裡幾乎有三分之二的天數可以睡眠充足。反觀德國學校硬體設備完善且教育體系健全，但學齡兒童一週裡有三分之二時間都睡不飽。

克羅埃西亞學者柯施策茲（Adrijana Koščec）研究學生的睡眠行為，發現一些正向的結果。「兩班制輪流上課對克羅埃西亞青少年的睡眠長度具有正向的影響。」兩班制上課後，學生兩週裡有九天可以睡到飽。在下午班課程期間以及週末裡，每日睡眠總時間可長達將近九小時。上午班的五天裡，他們每日睡眠量降至低於七小時，可說相當的少。上午班上課的時候，學生在白天裡總是比較昏昏欲睡，情緒也顯得比較低落，鬱鬱寡歡。

因為全部參加這項研究的學生都參加兩班制課程，所以無法比較睡眠對於學業成績的影響，但睡眠充足肯定無害。德國的學校制度卻公然掠奪學生的睡眠時間。在兩週的時間裡，德國青少年只有四天能夠睡飽，而且前提是得到了父母的允許。這顯然會帶來不好的後果。

這些不良後果日復一日，每天皆隨處可見。數年前，我去海布隆市（Heilbronn）辦了一場愉快的新書朗讀會。隔天清晨，我必須趕搭八點的火車返家。當我匆匆走過空蕩蕩的市中心前往火車站時，很快便察覺到周圍不對勁。

市區街頭並非空無一人。愈靠近火車站，就看見愈來愈多的學生迎面走來。他們幾乎沒有開口說話，也不微笑，板著撲克牌臉，睡眼惺忪。他們都是從郊區搭火車來上學的中學生，正急著趕往學校。

學生的數目有增無減，周圍的景象卻愈發令人毛骨悚然。他們個個有如

「行屍走肉」，三五成群拖著緩慢的步伐，宛如殭屍大軍朝著目的地前進，沉悶壓抑的靜謐讓人難受。說來你或許不相信，在這段約莫二十分鐘的路程裡，我沒看見半個成年人，沒聽見笑聲，更遑論喧嘩了。舉目所見都是一堆睡眼矇矓、怯懦遲疑的「小毛毛蟲」。他們處於傾向晚起的青少年階段，卻在兩個鐘頭前就被父母從睡夢中叫醒，趕搭區間車。如此悲慘，如此不必要。

此情此景比比皆是。大部分的學生根本沒睡飽，早上都是一付茫茫然的樣子。理想上，小學生平均需要十至十一小時的睡眠，即便十二歲的孩子平均也需要九個半鐘頭的睡眠。睡眠醫學專家佛德賀澤卻指出：「在週間能夠符合建議睡眠充足的青少年，僅占所有青少年人口的百分之八。」

然而，切勿將孩童視為同質群體。蘇黎世大學兒童醫院的耶尼教授（Oskar Jenni）警告說：有些兒童僅需八小時睡眠，另外一些兒童卻需要睡滿十一個小時。「個體間顯著的差異經常會造成問題。」尤其是如果子女是貓頭鷹孩童，不需要很多睡眠，父母卻要求他們過早上床，耶尼教授指出，那麼「這些孩子的睡眠需求時段以及躺在床上的時間並不一致。這容易導致嚴重的學習困難與睡眠障礙」。

至於睡眠需求量特別大的孩子呢？耶尼教授表示：「如果因為課程開始時間早而讓這些孩子睡不飽，長久下來可能會演變成長期睡眠不足。」出現例如「專注力變弱、容易衝動以及白晝疲倦感」等嚴重症狀。

無論基於醫學觀點或心理學角度，學童長期睡眠不足這件事絕對不容小覷。科學早已證明睡眠不足會提高學童的肥胖風險，而且證據顯示，長期缺乏睡眠容易導致注意力不足與過動症（ADHD）。雖然過動症的診斷有時候只是誤判症狀，並非每位過動兒都睡眠不足，「但部分過動兒童的確需要更多的睡眠」。

可以確定的是，如果能夠解決過動兒童的睡眠障礙，過動症狀也可能隨之消失。二〇〇五年及二〇〇六年，美國睡眠醫學團隊追蹤打鼾兒童的變化，並透過扁桃體切除手術解決打鼾問題。手術前，這組兒童當中的過動症患者比例遠遠高出平均值。手術後，除了睡眠問題之外，連過動症狀皆獲得改善。術後，過動比例降低了一半。一年後，這組術前打鼾兒童的過動症比率已與一般兒童罹患過動症的比率沒有差異。

十九世紀時，科學已確定較多的睡眠有助於改善學業成績。不久前，芬蘭學者發現，如果健康的七歲及八歲兒童每晚僅睡七點七小時（對該年齡層兒童而言少得離譜），出現過動症狀的趨勢會明顯高於一般兒童。睡眠長度超過九點四小時的兒童，罹患過動症的比例最低。

根據這項研究，在不考慮其他影響因素的前提之下，睡眠過短會提高過動症的罹病風險。此外，二〇一三年的另一項調查發現：晝夜節律特別不規則的孩童比其他孩童更容易出現過動傾向。關鍵不在於睡眠不規律，而在於長期缺乏睡眠。兒童如果經常太晚上床或太早起床，一定會日積月累欠下睡眠債。

之前提過，在強調能力與效率的社會裡，成年人如果天生需要大量睡眠，但睡眠需求卻無法得到滿足，再加上工作節律與個人生理節律不同，就非常容易罹患倦怠症候群。睡眠醫學專家利曼教授說：「或許有些孩子天生需要大量睡眠，卻始終得不到足夠的睡眠，導致他們出現肥胖症或過動症症狀。」

調查顯示，過動兒童人數正在逐漸增加中，醫師開立藥物處方的頻率也愈來愈高。根據巴馬（Barmer）保險公司的資料，二〇一一年被診斷為過動症的兒童及青少年人數總計為六十二萬；相較於二〇〇六年，增加了百分之四十二。

如果之前提過的學生長期睡眠不足的事實，尚不足以促使教育當局決定延後課堂時間的話，就請衡量一下兒童及青少年罹患肥胖症與過動症比率的大幅增加。這些令人擔憂的病症已儼然成為當代最急迫的問題。是時候應該嚴肅思考，並改正這項基本的制度錯誤了。

美國羅德島州米德爾敦市的聖喬治高中數年前已經開始改革。他們將九到十二年級第一節的開課時間從上午八點延後至八點半，為期三個月，並讓研究者隨同觀察。二〇一〇年，研究結果清楚呈現：實施該項措施之前，在兩百零一位青少年受試者當中僅六分之一每夜睡眠超過八小時；調整課堂時間之後，睡滿八小時的學生比率增加至一半以上。而且，學生的注意力增強，看校醫的頻率降低，憂鬱沮喪的情況也減少了。因此全校半數以上師生提出要求，呼籲學校正式執行延後上課時間的制度。校方也予以同意。

之後，一項瑞士研究提出了下述結論。巴塞爾心理學家勒摩拉博士（Sakari Lemola）等人針對兩千七百一十六名青少年的睡眠習慣與學校開課時間做問卷調查。受訪學生平均年齡十五歲；睡眠需求中間值約九小時，實際睡眠量卻只有八小時四十分鐘。（這仍然多得出乎意料；相較之下，德國數據明顯低劣。）睡眠少於八小時者之學業成績表現較差，人生觀較負面消極，白天裡較常出現疲倦感。

最精采的研究結果卻是關於第一節課的開課時間。第一組學生，共三百四十三位，僅須八點到校；其餘學生歸入第二組，必須七點四十分到校。這短短二十分鐘的差別卻造成非常顯著的影響。與第二組學生相比，第一組學生每夜平均睡眠時間多了十五分鐘；他們顯然需要更長的睡眠，而且上課時明顯感覺清醒許多，注意力也較強。

如此些微的時間差距卻可達到這麼鮮明的效果！請問：第一堂開課時間延後至上午九點或甚至十點，影響又是如何呢？因此，大多數專家呼籲學校延後上學時間。為人詬病的教育制度需要全面改革，這將是改革的第一步，而且並不困難。

明明可以！

延後第一節開課時間根本不難。作家施密特（Walter Schmidt）在《只要你的翅膀還沒硬》（*Solange du deine Füße...*）一書中指出：「上課時間是由全校教師會議協調校務會議（校長、師生代表、家長代表）與董事會共同決定。」例如薩克森邦教育局表示，小學可於早晨七點三十分及九點之間自行決定第一節開課時間，中學第一堂開課時間可於七點開始。（基於時間生物學觀點，讓青少年更早到校簡直荒謬至極。）北萊茵－威斯特法倫邦則規定學校必須在七點半與八點半之間開始上課。

令人訝異的是：德國的學校全部都在八點開始上課，甚至更早。儘管校務會議擁有決定權，卻沒有一間學校決定延後上課。相反的，我近來一再收到家長和學生憂心忡忡的電子郵件，原因是他們學校打算提前第一節課的時間，以便下午提早放學。甚至規劃在週間連續實施所謂的「晨光課程」，又稱為「第零節課」，從七點十五分或更早開始。

二〇一三年，我收到一封來自柏林的信。這封信很具代表性。信上寫道：「我身為家長代表，一年來努力嘗試說服學校高層，延後第一堂課的上課時間（不要從七點半開始上課）。因為有些學生無法早到又精神好，導致嚴重居於劣勢。如今學校因為改建工程計畫，將上課時間提前至七點二十分。校方完全忽視家長們的抗議，因此我打算尋找學術論文，藉以說服家長，並敦促學校做出理性的開課時間決定。」

我當然是毫不遲疑提供了相關的文獻資料給這位家長。可惜，對方之後的回覆令我失望。這位家長代表告訴我，大部分的學生家長不贊成延後第一堂課的時間。「在柏林和布蘭登堡邦這一帶，成年人普遍維持上早班（的陋習）。許多家長必須花至少一小時開車進城上班，因此也希望孩子七點半上學，甚至不反對提早上課時間。」

在許多教育政策演講及討論中，我經常碰到這類的反應。出乎意料的是，很多家長和學生都強烈反對延後上學時間，因為他們害怕必須被迫改變生活步調或無法準時上班。他們說，晚上課就晚下課；休閒時間、運動及補習等活動都會受到擠壓而被犧牲。

教師工會也極力反對，認為教師工作量已經很龐大，延後第一堂課的上課時間勢必會掠奪教師們全部的下班後時間。如果這些看法都符合事實，那麼教師工會更應該趕緊挺身而出，努力抗爭縮短工時。另外，天天早起的雲雀老師們也可以利用開課前的時間先備課或改考卷。

不過，也有一些為數不少的年輕老師紛紛贊成延後第一堂課的上課時間。出於兩大原因。第一，他們都樂意多睡一會兒；第二，他們每天都得面對昏昏欲睡甚至瞌睡連連的學生。這才更糟糕。

以尼可萊的故事為例。他來自德勒斯登附近的拉德波爾市，目前就讀某文理中學五年級。每週三天必須在七點十五分到校上課，因此清晨五點四十五分就得起床；當然無法與父母一起共進早餐。據他母親描述，孩子出門前經常說：「晚安，好好睡覺吧！」她直接點出問題核心：「學校的這些政策根本不關心學生，只是想讓老師及其他大人們能夠完美安排他們自己生活吧。」

是該反向思考的時候了。此時不做，更待何時？本書第三章的 Wake up! 計畫建議落實「個人化的上下班時間制度」，並且廢除嚴格的辦公室出席規定。如果這些訴求能夠獲得迴響，那麼就不會妨礙學校調整第一堂的上課時間。

從時間生物學的理想角度而言，高中第一節開課時間不應早於十點，國中最早九點，小學八點半開始第一堂課程（雖然這對貓頭鷹父母及老師而言，又會造成問題）。

瑞士兒童心理學家耶尼教授贊成實施「彈性上學時間制」。他認為根本不需要固定的上學時間；至少在彈性時段之內，應該允許學生自行決定上學放學的時刻。學生應利用這種彈性，自由選擇參加社團，並盡量自我發展。耶尼教授指出：「兒童及青少年並非只有學習的需求，他們尤其需要發展自我概念。」當前瑞士及德國的教育制度無法滿足學生自我發展的需求。

耶尼教授繼續表示：正如許多專家呼籲推動教育改革，如果教材變得更有彈性，而且授課的方式更加個人化，那麼學生也就可以自行調整上下學時間，以配合本身需求。這裡所謂的需求當然不僅侷限於學習的需求，還包括睡眠的需求，以及基於個人生理節律的需求。

自從德國進行學制改革，改成簡稱Ｇ８的八年制中學之後，學生的學習情況便益趨惡化。首先，學生每天的在校時間拉長。再者，因為參加體育社團及樂團練習等有助人格發展的活動，學生只能將寫功課的時間往後挪至晚上。但是他們在晚上時段裡卻必須對抗電視、電玩、社群媒體、閱讀一本好書，或是睡眠的誘惑。不難想像的是，睡眠會完全敗給其他選項，因為它的吸引力不夠大，再加上青少年晝夜節律的延後。

因此，建議教育當局刪減教材，並限制每週之作業、小考及課堂時數。即使將來恢復九年制中學，亦應如此做。二〇一四年春，下薩克森邦已首先全面恢復實施九年中學制，其他幾邦亦陸續決定恢復九年中學制。

因為學生需要更多時間，不僅需要更多的睡眠時間，也需要學校放棄過分的教育狂熱，變得更加開放且具彈性，讓學生得以啟蒙與發展。

回歸九年制中學的趨勢，甚至賜給我們一個大好機會。實施八年中學制度以來，各地已完成下午班課程的相關基礎設施，不僅已被普遍接受，規劃也優。如果能適度縮減教材與課程內容，加上延長中學一年，即可變動上下學時間，尤其是妥善運用上午時間。例如：延後上學時間、延長課間休息時間、更明顯的課程節奏等。但不必延後放學時間。

在第一節上課前及延長的休息時間裡，學生亦可多至戶外活動，落實作者在本書第一章裡的建議。這可小幅提早生理節律，並間接增加深層睡眠。另外，如第三章所建議，若可將休閒活動穿插在一天當中，不光是教條式地固定在下午及晚間時段，即可考慮挪後放學時間，每週數日從中午十二點起才開始上課。

基於生理時鐘概念，學生大可選在上午運動、學樂器或參與話劇社排演。這想法固然很烏托邦，也需要耗費相當的人力及物力。但是人生嘛，有夢最美！

兒童及青少年是社會裡最珍貴的資產，而上述全套的「在校時間再規劃方案」對他們很有利，能讓他們變得更健康、更富創意、身心狀態更平衡、專注力更強、學習成績表現更佳。學生學習狀況好，課程時間不空轉，老師可以加快教學進度並增加內容。

政府也有理由笑逐顏開，因為這樣做肯定能大幅提升德國學生的 PISA 成績。

Wake up! 計畫 6：少一點就是多一點

某間學校邀請我去演講，主題是「為何學校應該晚點開始上課」。坐在第三排的露易莎說，星期一早上最慘，因為同學們「還完全處於週末狀態」。而且老師根本沒發現，到了星期四和星期五第一節課時間，全班至少一半的人都睡著了。「這真是糟透了。對學校而言，我們根本不重要，重要的是他們的計畫能過關。」

在場老師的眼神清楚表明，他們當然早就留意到學生睡眠不足的問題。對於上學時間規定的錯誤政策，他們也曾反抗過。屢屢失敗後，早已灰心。現在他們終於想刨根究底解決問題，第一步就是邀請我去演講。

高中部學生在週間大量累積睡眠債，即便週末補眠也無法彌補。演講及討論會結束後，學生進行表決。在不過度延長放學時間的前提下，幾乎全數學生及過半數老師贊成延後第一節課的開始時間。貓頭鷹的老師原本就舉雙手贊成；其他老師則希望課堂氣氛愉快，學生精神飽滿，而且學習有收穫。

只要刪除不必要的教材內容或恢復九年制文理中學，即可實踐這個理念。為了落實睡眠充足社會的理想，Wake up! 計畫將納入上述兩項訴求重點。

延後第一堂的開始上課時間：在現行法規允許範圍內，我們的近期目標是要求學校召開校務會議，將第一節課延後至八點半或甚至九點開始。

❖廢除打卡上班制度：為學生家長，爭取廢除打卡上班報到制（請參閱第三章）。如此，便可解決晨間無人照應幼年或青少年子女的問題。在修法過度期裡，建議學校至少提供課前安親托育服務。

❖修改上下學時間規定：我們的長期目標是希望督促教育當局修法，實施彈性上下課；甚至將第一堂課開始時間延至中午十二點，或允許小學在八點半或九點開始上課；國中不早於九點之前，高中不早於十點之前開始上課。

❖建議學校審慎考慮上下學時間彈性制度：實施彈性上下學制度，老師仍在校，學生可透過準備報告或做實驗，學習自行獨立完成方案。學校亦可將每週一或兩天訂為方案執行日，學生可自由決定其出席時間。

❖學校課程必須更加節奏化：採取段落式講座的密集課程，中間搭配較長的休息時間，讓學生多至戶外活動。延長午休時間。建議學校投資添購遊戲設備或運動器材吸引學生，有利促進學生健康。

❖每週上課四天：許多人認為這構想純屬烏托邦。然而，每週上課四天有其深層意涵。可以讓兒童及青少年多一點自由的獨立發展空間，而且每週能有三天好好睡覺。這提高了他們參與其他活動的機會，也讓全家人有時間一起活動。

❖在上午時段進行休閒活動、興趣安排或私人學習課程：對兒童與青少年而言，這意義重大。相對的，運動社團、私人的音樂教室及其他類似機構應做出因應調整。

❖縮減教學內容：內容減少，授課時間縮短。節省下來的時間可應用於課程簡化轉型以及學生的自我發展。放學時間不會因為開課時間延後而受到影響。

❖若能恢復九年制中學制度，就能贏得更多時間來落實增加學生睡眠的理念。

第7章
休息一下！

超越晝夜的界線

二〇一三年六月，數百萬隻的「十七年蟬」在美國東部羽化而出，彷彿歌手巴布・狄倫《蝗蟲之日》（Day of the locusts）歌中的描述。十七年以來，牠們以幼蟲形態生活在泥土裡，僅靠吸食樹根汁液為生。時刻來臨，不計其數地長大羽化變為成蟲，在美國好幾州成群同時破土而出。

現在，姆趾大小的黑褐色雄蟲揮舞著紋路美麗的羽翼，帶著引人注目的紅色雙眼和製造噪音的空前能力，成群結隊地躍上樹梢。震耳欲聾的唧唧聲，唯一的目的就是獲得雌蟲的青睞，交配繁衍，奉獻下一代，讓牠們以毫不起眼的幼蟲型態在土地裡苦熬十七年。

整個循環的生物學目的就在於企圖躲避敵人。同時成群破土而出，的確有利存活。因為這種「快閃行為」讓他們的天敵例如鳥類、浣熊或鼬科等掠食動物疲於應付。另一方面，「週期蟬」每十七年或十三年才循環一次的行為絕非偶然。「十三」和「十七」都是質數，只能被一或自己整除。某理論認為，蟬在數萬年前遇到掠食敵人姬蜂，牠們透過這種奇特的生命節律來迴避天敵，因為姬蜂無法迅速發展出相同的生命節律。

時間生物學者當然要問，蟬又是如何精確計算出十三年或十七年的時間呢？這仍是不解之謎。例如生長多年的某些竹類植物成株會在世界各地集體開花，這也是大自然裡最令人不解的奧祕之一。（順帶一提，第一名應該是每一百二十年才開花的桂竹。）

蟬與竹的生命週期故事，除了教導人類謙卑面對大自然之外，還說明了內在生理時鐘不單單只會預測晝夜來臨，它的能力遠遠超乎你我的想像。細胞內的生物時鐘會依照重要性來決定週期模式，剩下的就全部交給演化來解決。

以海生搖蚊為例。牠們的生命週期是十四點七六天；在此週期內，海生搖蚊僅有二十分鐘的時間來完成破蛹而出、交配以及產卵的任務。搖蚊幼蟲生活在海邊的小水窪裡面。只有在大潮後海平面降至最低的乾潮時段裡，這些水窪才會變乾。

月亮盈虧的變化週期會影響潮汐，這對海洋生物的影響很大。譬如螃蟹準確知道漲潮落潮的時間；棲息於南太平洋海沙地的多毛綱動物磯沙蠶僅於每年十一月第一次月圓後的清晨才截斷繁殖囊。

百慕達蚯蚓能夠感受到月亮的變化。夏季滿月前後，雌蟲會在夜裡發出光芒吸引雄蟲交配。據說哥倫布船隊當時認為這是人照光線，所以決定跟隨著這些磷光發光體，最後竟然抵達了巴哈馬聖薩爾瓦多島。這是哥倫布第一次踏上新世界。所以，百慕達蚯蚓才是協助人類發現美洲的大功臣。

與海洋生物相比，月亮節律對於人類生理的影響相對的不重要。科學家目前只發現一個小證據，顯示人類內在的晝夜節律或許與月球週期有關。二〇一三年夏季，巴塞爾的時間生物學家卡約翰教授發表了一篇論文，指出三十多名受試者在月圓之夜的睡眠較短較淺。卡約翰教授不願意過度解讀這項研究，因為如果這些數據是真的，那麼這個現象也只是不太重要的「遠古時代遺物」。

反之，對人類生活意義比較重大的除了掌管生活作息的晝夜節律之外，就是所謂的「超晝夜節律」。「超晝夜」其實是指少於二十四小時的循環週期。例如貓咪每三至四小時就要好好小睡一番，而且不分是在晝夜哪個時段。這即是超晝夜節律。

人體內的生理運作，例如荷爾蒙分泌、體溫波動、毛髮的生長、皮膚的生長以及免疫細胞的生長等等，都依照晝夜節律運行。只不過在一天當中，這些生理過程的運行各有一次最活躍及最低潮的時段。另外，部分生理運作則額外受到「超」晝夜節律的影響。超晝夜節律讓人類與動物體內的各項運作彼此之間能夠協調配合。其中普遍應用的生物法則就是：活動需要休息；沒有休息，生命就不平衡。

這尤其關係到工作效率和吸收能力，不過也會影響食慾，甚至睏倦感。本書主題在於適時的充足睡眠與工作，自然不能忽視超晝夜節律的議題。

九十分鐘的巔峰與四小時的低潮

克萊曼教授（Nathaniel Kleitman）一八九五年出生於俄國，一次世界大戰前即移民美國，並於一九二〇年代在芝加哥成立全世界第一個睡眠實驗室。他可謂是現代睡眠研究之父，也是時間生物學鼻祖之一。一九三八年，他進行了全世界第一次的洞穴隔離實驗，奠定日後在德國巴伐利亞邦安德希斯「防空洞實驗」的基石。

然而，克萊曼教授最重要的研究成果卻是在一九五四年，當時他和他的學生亞瑟林斯基（Eugene Aserinsky）共同發表一篇與「睡眠矛盾」有關的論文。這兩位研究者發現：睡眠時，我們每隔一段時間會從「深睡期」或「淺睡期」的正常睡眠階段轉換至另一個完全不同的睡眠階段。這個特殊的「第三狀態」被稱為「快速動眼期」，簡寫為 REM。

睡眠時，先進入短暫的淺睡期，再沉入特別放鬆的深睡期。深睡期會出現比較緩慢且大的腦波型態，因此又稱為「慢波睡眠」。不過大約一個半小時之後，我們又會短暫醒來，回到介於睡眠與清醒之間的淺睡期。然而，我們通常都不記得這段清醒期，因為時間很短，記憶無法儲存下來。

睡眠循環週期一次約九十分鐘。可能更長或較短，個體間差異最多可達二十分鐘。幼童的睡眠循環週期往往僅約五十分鐘。但是不論睡眠週期的長短，在每一個睡眠週期的最末端，大自然總是安排了一段矛盾睡眠。在矛盾睡眠階段，亦即快速動眼期階段，腦波類似清醒狀態，身體卻完全動彈不得。

這或許能防止我們在睡眠狀態裡跑來跑去、拳打腳踢或大喊大叫。快速動眼期的夢境總是特別鮮明，特別生動活潑。在此階段，肌肉雖然喪失活動功能，眼皮下的眼球卻能隨著夢境節奏快速移動。快速動眼期又被稱為「做夢期」。

經過快速動眼期睡眠之後，睡眠週期又重頭開始，包括：淺睡期、短暫的片刻清醒、深睡期以及快速動眼期。人類總共需要重複四至六次這樣的週期，

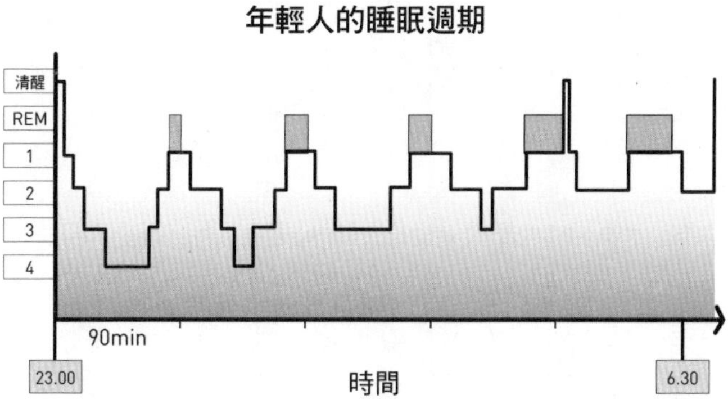

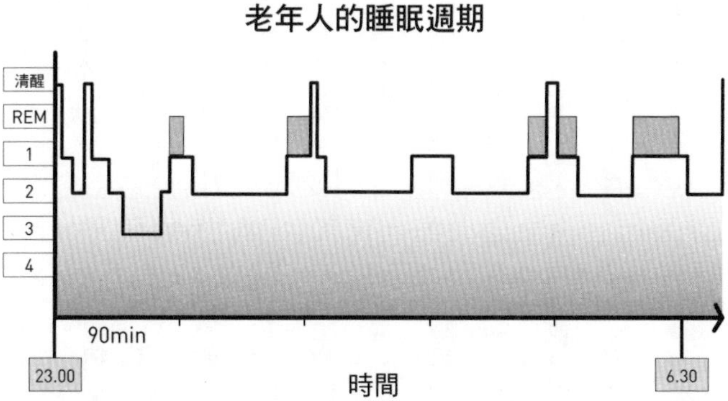

典型的睡眠結構圖：人類夜間的睡眠週期包括第一期到第四期以及 REM 快速動眼睡眠期。每個睡眠週期約需時九十分鐘。人類睡眠時，會經歷幾回合的睡眠週期。年長者睡眠較淺、醒來次數較多、清醒時間也較長。此睡眠結構圖之基礎在於九十分鐘的超晝夜節律。

才算擁有充足的睡眠。夜裡睡得愈久，深度睡眠便愈淺，快速動眼期的時間也就愈長。

隨著年齡漸長，睡眠結構會變成零碎的片段式。深層睡眠較少，清醒期較長（如第一章所述）。許多老年人因此認為他們的睡眠品質變差，醒來的頻率也高於從前。事實上，是因為他們睡眠之間的清醒期稍微變長，早晨醒來後還記憶猶新。這個現象的原因很簡單，乃因中央時鐘的訊號強度會隨著老化而轉弱。因此，老年人必須透過白天的戶外活動時間以及明亮的燈光來維持自己晝夜節律的活力。這一點對老年人而言特別重要。

睡眠週期的研究讓克萊曼教授萌生另一個想法。他假設，除了晝夜節律之外，人類在生活中還會遵照所謂的「基礎作息週期」（basic rest activity cycle，簡稱 BRAC）。這是一種基本的休息與活動週期，支配著我們在睡眠時轉換不同的睡眠期，也支配著我們在清醒期裡的休息步調。根據克萊曼教授的說法，人類的工作效率在白天裡也有高低變化，而且這是天生的。擬定行程表時，應將效率高低的時間點特別納入考慮。

人類天生無法連續數小時一直工作「衝衝衝」。我們需要休息，雖然這未必符合老闆的要求，或許也違反我們的自我期許。然而，我們工作效率的高低時段會在一天當中輪流交替。所以工作規劃的重點應該是：不違反個體的超晝夜節律，而且應當巧妙地加以利用。如此即可提升工作效率、體力與創造力。

許多證據指出，我們大約專心工作九十分鐘之後，就會稍事休息，或許打開冰箱，去廚房吃些點心，或與同事閒聊。不妨做個自我檢視，觀察自己何時打開臉書，查看電子郵件，站起來走走，以及這其中的時間間隔。你將訝異地發現，這些結果大致都落在「基礎作息週期」範圍內。

眾所皆知的是：專注工作或是專心讀書，每回合僅可持續九十分鐘。落實在日常生活中就是：電影及戲劇的放映長度通常不超過一個半小時（或於九十分鐘後加入中場休息時間）。近年學校發展節奏化課程，特別偏愛九十分鐘段落式課程形式。誰敢「落落長」演講而且超過九十分鐘？大概只有總統或電視超級紅人吧。

儘管如此，仍然很難證明「基礎作息週期」的存在，因為它很容易被外在影響掩蓋。誰敢完全憑直覺做出休息的決定，甚至違背公司的規定？職場要求愈高，員工就愈不容易感受到自己的休息需求。

透過腦波圖可以找到證據，並發現人類作息的九十分鐘週期。在九十分鐘的間距裡，神經元有時反應強，有時特別弱。神經元的彼此連結也時好時壞。二〇一三年，美國生物心理學家凱澤教授（David Kaiser）藉由人類腦波圖測量出九十分鐘的作息週期。他清楚指出，每個人皆有這樣的週期模式。這種週期模式代表「大腦以時間為基礎，來管理對於刺激的反應能力」。

如果沒有其他的外在壓力，可以全憑直覺來休息，也就是按照生理需求來休息，如此的工作表現成績最佳。將大腦皮層神經網絡的高效率運轉時段，全副精神高度集中地投注工作，然後依照已預設好的生理週期，利用低效率時段來休息，這就是「創意休息」。在高度集中注意力的工作狀態下，甚至每二十分鐘就會「走神」。最新的生物心理學研究指出，這現象完全符合大腦的需求。

當今的二十四小時社會卻反其道而行。以圖形來想像，目前職場要求員工的注意力像一個理想的矩形。一開始上班，便需要瞬間全力啟動，然後長時間維持在最高點不中斷，下班後才允許注意力急速下降。這個矩形工作效率曲線完全違反自然！

除了九十分鐘基礎作息週期之外，人類的超晝夜節律還包括掌管能力效率、睡眠需求及食慾的「四小時節律」。當今社會的矩形工作效率曲線要求完全背離這些生理節律。

倘若要求受試者在床上連續休息三十二小時，他們約每四小時就會昏睡一陣子，陷入不尋常的睡眠模式。臥床老人或病患也會出現類似的睡眠行為。第六章也提過，白天裡嬰兒也會睡個三至四回合，約略符合四小時節律。

在夜間，嬰兒也繼續堅守四小時節律；每三至四小時便餓醒哭鬧，折騰爸媽。這是四小時生理時鐘傳達給人類的第二項訊息，它告訴我們何時應當攝取較多的食物。因此，幾乎全人類都虔誠遵守著一日三餐的規律。除了小嬰兒之外，其他人的夜間食慾會被荷爾蒙瘦蛋白（Leptin）抑制。瘦蛋白則由「二十四小時節律」支配，抑制人類在睡眠時產生飢餓感。

此處尚須稍微提及「十二小時節律」。例如血壓及心跳每天會出現兩次低點，分別在正午過後及深夜。因為晝夜節律與十二小時節律有所交疊，而且夜間生理數據原本就會更往下降，因此血壓及心跳的夜間低點明顯低於午後。

注意力與工作效率亦遵循類似的模式。它們在夜間大幅降低，上午迅速升高，接近正午時攀上一天裡的高峰，然後就是午休階段的下降期。難怪許多人利用午休時段小憩，這自有道理，顯然也是人體內的生理安排。下午時段裡，再次特別能夠集中注意力；深夜便逐漸轉換至夜間模式，大都是睡覺時間。

上述的高峰與低潮究竟會精確出現在幾點幾分呢？這主要由個人的生理節律類型來決定。和雲雀型相比，貓頭鷹型的人睡得晚，白天肚子餓的時間也比較晚，因此應該延後午休時段。

午休、午睡及能量小睡

四大「基礎作息週期」決定著人類的內在生理時刻表，它們分別持續約九十分鐘、四小時、十二小時與二十四小時。各週期的高峰與低潮可能彼此重疊，但晝夜節律（尤其是白晝節律）的主宰力最強。了解這一點之後，即可從這些令人混淆的節律表徵當中找出通用的休息指導原則，亦即：每九十分鐘小小休息一下；在一天之內，應該在用餐後徹底休息三至四次。

白領上班族應當好好利用較長的休息時段，接觸戶外日光、散步、充分運動，當然也需要安靜休息。在午休時段裡降載、放空，或小睡。這絕對符合與生俱來的生理需求。休息會給我們帶來工作效率、創造力以及健康。從利人利己的角度出發，企業主也應當提供員工徹底午休的機會。

遺憾的是，當前趨勢完全反其道而行。過去百年間強調午休文化的西班牙及希臘，如今正準備推翻既有習俗，打著振興經濟的旗號鼓吹人民連續工作。這顯然是個錯誤，尤其幾年前的一項希臘研究業已發現：與沒有午休習慣者相比，固定午休者罹患心肌梗塞之風險較小。

午休小睡有益健康。班堡睡眠醫學家哈亞克博士（Göran Hajak）不久前接受《明鏡線上》專訪時表示：「若條件許可，應當順應身體的午睡需求。覺得疲倦，卻不去睡覺，就是給身體製造壓力。」最好的抗壓方法就是睡午覺。哈亞克博士認為，中下午的低潮是生理週期安排，至少應該利用午休時間短暫放鬆一下。

他個人有時候只需要「自我關機」，完全放空三十秒。他說：「我會坐在椅子上，閉目片刻。」最理想的方法則是徹底睡個午覺。甚至連心理治療領域都懂得利用小睡片刻的潛力。二〇一三年，德國心理學學會理事長，同時也擔任行為治療師的馬格拉夫教授（Jürgen Margraf）指出，患者如果在接受心理治療後小睡一番，治療效果更佳。

近年以來，在美國、英國及瑞士等地非常流行所謂的「能量小睡」（Powernap）。從名稱就可以知道：小睡能帶來新的能量。經證實，小睡甚至能夠增強大腦記憶力並提升多種能力表現。看過上述腦波圖分析及許多睡眠有助鞏固強化記憶力的研究之後，我對於小睡的神奇效果絲毫不感驚訝。

特別早起者補眠需求大，可在作息裡加入幾次能量小睡時間，或睡個午睡。不過，長度請勿超過二十分鐘，否則容易陷入深層睡眠，導致甦醒後無法立刻恢復效率。

一九九七年，英國學者已測試出咖啡能讓人在小睡後立刻清醒。小睡前，應該喝一到兩杯濃咖啡。咖啡因需要大約二十分鐘時間來發揮作用，正好可以叫醒我們。另外，推薦大家試試有名的「愛因斯坦之鑰」。這位物理天才極愛打瞌睡，手裡則握著一串鑰匙。熟睡時肌肉張力放鬆，因此一旦睡得太沉，鑰匙便噹啷落地。所以，愛因斯坦的小睡長度總是很準確固定，不多也不少，恰如其分。

運用此項原理，Jetlog公司替有身分地位的商務人士研發了一件科技小玩意，是一款名叫戈帕拉（Gopala）的白色小枕頭。能量小睡時將它拿在手上，一旦肌肉張力放鬆，它便微微震動，溫和喚醒正在小睡者。單價一百九十九歐元。

無庸置疑的是，能量小睡的市場正在擴張。早在二〇〇四年，斯圖加特大學建築系學生已設計出一款造型美麗的辦公室專用充氣式迷你睡眠室樣品，命名為「小睡袋」（Nappak），可惜至今未能打入市場。相反的，膠囊睡床（Napshell）公司卻有板有眼地經銷一種充滿設計感的有頂圓形睡床，號稱是舒服迷你的三百六十度放鬆空間，至少可當作大型辦公室裡還不錯的角落裝飾。

在美國施萊默（Hammacher Schlemmer）傢俱店裡可以買到膠囊睡床及一款能量小睡枕，後者其實就是加裝軟墊的太空人頭盔，可隔離光線與噪音；真的睡著後，它可防止頭部受到撞擊。另一項產品則是能量艙（Energypod），外型讓人聯想起牙醫診所診療床，加上球形睡眠隔離罩。

能量小睡當紅，創新產品紛紛上市。不僅如此，瑞士某些高級飯店專門為了熬夜疲倦的上班族提供小睡休息房間，以小時計價。愈來愈多的公園也紛紛設計公共的放鬆空間與睡眠場所。

但幾乎無人利用這些設備，因為「不晝寢」的背後存在著更深的原因。

「居眠楷模」或社會肯定

你會在地鐵車廂、辦公室、咖啡廳或公園長椅等公共場所裡打瞌睡嗎？日本人認為這完全沒問題。沒錯，甚至在重要會議或音樂會裡，隨處可見日本人正在「夢周公」。即使日本首相在國會辯論中因為打瞌睡錯過了反對黨演說，也沒人會生氣。

日本武士開啟了「現場睡覺」的概念，亦即所謂的「居眠文化」（Inemuri）。武士告訴受其保護的諸侯說，他們可一心兩用，警醒與睡眠二合一。因此，他們夜夜手持武士刀坐在王宮前打盹。諸侯熟睡之際，武士必須展現威風坐鎮場面，因此不可以躺下休息。

歸功這個故事，日本晝寢者不會被貼上懶蟲標籤。大家不但允許他們安心打瞌睡，甚至還敬重他們。因此，居眠者在日本享有崇高聲望。這情況與中歐恰恰相反。

許多日本人通勤上班路途遙遠，工時又長，導致夜間只能睡五或六小時。有些人的睡眠時間甚至更短，因此善用通勤時段好好補眠。另外，他們也懂得在工作時間裡「勞逸結合」，例如找個安靜地點或在開會時大剌剌打盹。劍橋大學日本現代社會學教授史德格（Brigitte Steger）解釋說：「前提是，平時眾人對他們的印象就是工作負荷量大。甚至可藉此展現他們的勤奮，因為工作而犧牲夜間睡眠。」

這解釋了日本人在行為上的矛盾。他們一方面對工作懷著強烈的責任感，另一方面卻常在工作中打瞌睡。甚至連上司都懂得巧妙運用居眠策略，例如老闆在員工報告時經常故作瞌睡狀，目的在於紓解員工報告的緊張壓力。

中國亦有午睡文化。從前某些大型中國企業甚至在上班時段裡實施強迫休息制度，例如規定員工一律趴在桌上小睡。日本學專家史德格感嘆地表示：可惜的是，這種親切的職場睡眠文化已經被現代化風潮取代了。另外令人遺憾的是，亞洲人通勤時的打瞌睡習慣也被全球化趨勢改變了，因為現代通勤者往往無法抵擋玩手機及打遊戲的誘惑。

西方現代企業則反其道而行。他們雖願仿效東亞的居眠典範，卻因西方人認為「只有懶蟲才在白天睡覺或休息」的偏見而失敗。例如二〇〇七年，柏林附近的夏洛滕堡—威默斯多夫（Charlottenburg-Wilmersdorf）區公所原本規劃設置員工休息室，卻因員工擔心惹來民眾嘲諷而作罷。

這齣柏林鬧劇為我們上了一課，也就是在全面推廣午睡文化之前，必須先替午睡平反汙名。如果上司、同事、顧客及親朋好友仍舊不以為然冷嘲熱諷小睡的重要性，試問還有人膽敢躲在角落打盹或趴在桌上補眠嗎？

全然放鬆，才能「夢到周公」。若能獲得社會肯定，適當放鬆的效果一定比休息室加上模擬的海浪聲還要來得好。假如有一天，經常打盹的同事突然提振了公司營收並促進國家經濟，儼然一副「英雄」模樣，那麼大家便會爭相效仿。例如安心在上班時間裡將電話改成靜音，打開輕柔的音樂、翹腿休息，並在辦公室門口掛上「請勿打擾」的牌子。

只有當社會肯定忙裡偷閒的做法，大腦方可降載，讓神經系統有機會真正切換至睡眠模式。最後透過漸進式肌肉放鬆運動、自律訓練、正向心像法等，即可進入瞌睡狀態。

下薩克森邦維希塔（Vechta）市政府就肯定這種休息制度。西元二〇〇〇年，維希塔市的市政府員工同意進行一項實驗，每天擁有額外二十分鐘的休息時間。他們可以在休息時間裡散散步，或攤開瑜珈墊在辦公室小睡片刻。當時這項措施不但引起了媒體關注，更招來不少譏諷。執行迄今，批評者閉嘴了，據說沒有任何機關員工請病假的頻率如此低，工作環境氛圍如此融洽，而且人力需求如此少！

路德維希港巴斯夫化工集團（BASF）會替員工舉辦能量小睡講座，並教導放鬆技巧。位於蘇黎世的谷歌公司運用吊椅、彩色診療間、水族箱及昏暗的休息廳來營造放鬆的景緻，以激發員工創意。

位於漢堡的聯合利華公司（Unilever）也為員工開闢設置有按摩椅和放鬆音樂的休息綠洲。接受報社專訪時，企業醫師查內茲基（Olaf Tscharnezki）表示「休息非常有利健康」；員工不宜長期累積壓力，因此休息區的目的就在清楚宣告：公司希望員工休息，達到放鬆目的，甚至小睡。查內茲基醫師將這些措施戲稱為小睡休息的「除罪化」。

雖然有些這類正面範例，但開闢休息區的企業數目仍嫌不足。柏林睡眠醫師費澤認為這是因為企業多半「超級短視」。休息室必須具備隔音、可調式照明設備及特殊的放鬆設施，然而在德國幾乎找不到符合這種等級的空間環境。不過，費澤與柏林國家芭蕾舞團共同設計出一個接近上述標準的建築空間。起因來自於一項研究顯示：平日裡，舞者總是在不知不覺中長期累積了許多睡眠債。同時，他們多半會高估自己實際的睡眠長度，而且在首演前一天晚上都睡得特別糟糕。

費澤表示，國家芭蕾舞團舞者現在已經改變想法了。「休息室常常是客滿的。」

Wake up! 計畫7：無所事事的幸福

符萊堡睡眠醫學專家利曼表示：「我個人喜歡睡午覺，無法了解為何這個能提高效率的簡單方法無法在德國蔚為流行。」他應該知道自己在說什麼。只可惜德國人沒有午休習慣，對日本的居眠文化更是完全陌生。

我們始終不願意大方肯定，只要休息就可以提高工作效率；反倒擔心自己無法勝任工作量及速度要求。因此我們呼籲，減少職場負擔、放慢工作腳步！這兩項呼籲絕對沒錯，卻無法解決問題。問題根源在於：人類不是機器，無法全天候不斷工作。工作多的人偶爾也必須放空、無所事事。

因此，Wake up! 計畫7的重點不僅在於休息，更呼籲政策與社會認同「休息文化」。好讓員工每天都能自由選擇多次休息時間，以便協助員工更加勤奮工作且勇於接受任務，並透過勞逸結合策略來做疾病預防。

任職於斯圖加特的夫朗和斐勞動經濟與組織研究所（Fraunhofer-Institut für Arbeitswirtschaft und Organisation）的布朗博士（Martin Braun）針對推動員工午睡制度的企業進行研究。二〇一四年，他在《南德意志報》提出這項兩難困境的關鍵：「重點不僅在於睡覺，還在於允許勞逸結合的企業文化。」

之前提過，睡眠醫學專家哈亞克醫師曾接受《明鏡線上》專訪。他堅信並殷切強調午睡的優點。不過他也承認，在白天裡他最多只能讓大腦關機三十秒。這指出：想要推動休息文化，改善的空間還很大。

若想得到全面的社會肯定，休息文化必須邁上一條漫漫長路。在此提出通往此路的第一步：

❖為什麼休息會被當作偷懶呢？提高工作效率的最佳方法就是「在對的時間，做對的『休息』」，最好再搭配片刻睡眠或日光浴。我們的社會必須逆向思考。懂得休息的人不但能為自己謀福利，也對別人有好處。這樣的人才是最佳社會楷模。

❖午睡必須得到更多的社會肯定與認同。事實早已證明，午睡可以彌補夜間的睡眠不足，並幫助工作中的大腦更有活力。

❖在工作及學習領域，當代企業、機關與學校逐漸強調「節奏化」。根據這個概念，稍事休息者不會被認為是懶蟲，進度也不會被大家超前而變成「吊車尾」，因為他們在休息之後就能加快速度工作，而且變得特別有動力，更加有效率，並且也注重健康。

❖企業未來應當努力推廣勞逸結合的能量小睡制度，允許員工在上班時休息一下，打個小盹，並設置可以放鬆的場地及休息區。在休息區裡不強迫睡著，許多人只是稍事休息，未必想打瞌睡。

❖企業應當提供員工相關的放鬆練習課程，並訓練同事之間彼此支援。

❖企業領導階層應當以身作則，帶頭開始利用休息區及放鬆課程。

❖違反生理時鐘的工作時間會造成健康負擔。因此對夜班員工而言，分次短暫小睡休息相當重要。雇主必須替夜班員工設置休息室。

❖需要高度集中注意力以及特別消耗精力的工作，應該每二十分鐘短暫休息一次。原則上，最少必須在八十分鐘至一百分鐘後徹底休息一次。法律應當保障每日工時八小時者較長時段的休息時間，例如讓人能夠從容用餐的午休時間。

第8章 吃得頭好壯壯！

細胞裡的時鐘

德國生理學家布寧教授（Erwin Bünning）是時間生物學的創始者之一，而且最喜歡研究豆子。他指出，即使處於全天候光照環境中，豆子仍然依循二十四小時的節律開合葉片，彷彿生長在晝夜循環的大自然中。

而且八十年前他就發現，若無外來的時間調整訊號，某些豆科植物遵照二十三小時的節律，某些則每二十六小時張開葉片一次。於是他動念，將不同生物節奏的豆子進行雜交。結果產生介於親代特徵之間的混合種，子代呈現二十五小時生物節律。

極富遠見的布寧教授總結說：「生理時鐘具有基因基礎，因此會遺傳。」他認為這個法則不僅適用於豆子，也適用於人類。布寧教授當年的看法完全正確。雖然當時對於基因結構與DNA遺傳分子皆一無所知，卻清楚瞭解人類親代的髮色、膚色、身高、耳垂是否分離等會遺傳給子代。決定關鍵是子女得到了哪些基因。理論上，子代基因特徵大多是親代的混合型。

二十世紀中期，全球研究者為了明瞭生理時鐘的基因基礎，在美國冷泉港（Cold Spring Harbor）會議上正式創立「時間生物學」，旨於探討時間對於人類生活的影響。除了研究豆科植物之外，當時科學家也開始研究例如紅黴菌等其他生物的時間生物特徵。紅黴菌迄今仍受青睞，為什麼呢？因為有些真菌需要四天方可形成孢子囊，但是紅黴菌每天都會長出孢子囊。

研究還發現：果蠅、老鼠及人類個體會出現生理時鐘的延遲或加速現象。科學家於是積極探尋遺傳基因差異性，企圖以之解釋生物體之生理時鐘差異。

如今已瞭解，基因特徵會讓個體的生理時鐘類型呈現出傾向於貓頭鷹型或雲雀型，而且許多基因都會影響人類內在的生理節律。多數人呈現中間節律型，因為從父母的遺傳基因當中各得到一些「快的」和一些「慢的」基因變異。只有少數極端特例，他們遺傳到的基因只會讓他們的生理時鐘片面的衝衝衝，或是猛踩煞車。

大約於三十年前，科學家才終於找到生理時鐘的第一個「小齒輪」。首先，時間生物學家在果蠅身上找到所謂的「週期基因」。週期基因活化之後會主導合成「週期蛋白」。蛋白質是構成細胞的基石，所以含有週期蛋白的細胞會出現相關的生物節律特徵。在沒有外來因素的影響之下，果蠅的遺傳基因類型會影響生理時鐘的快慢。這項果蠅的遺傳法則與人類相似。週期基因一旦故障，果蠅的生理節律就顯得混亂失序。這項發現引起當時學術界的大轟動。如今科學家已經證實，這種情形也會發生在人類身上，而且除了週期基因之外，尚有其他基因掌控著人類的生理時鐘。

在那之後，時間生物學的知識呈現爆炸式成長，科學家愈來愈清楚地瞭解生物節律的來龍去脈，並且發現原來人類的每個器官，甚至於每個細胞都有自己的時鐘！許多個基因同時交互影響著人類體內的生理時鐘。就像是一座生化時鐘，決定著你我行動節奏的高低起伏。

目前科學已經證實，人類至少擁有十二條能夠調控生理時鐘機轉的基因，另外再加上二十條調節基因，調節基因能夠支配生理時鐘的速度與強度，影響時鐘稍微向前後挪動。在生理時鐘基因編碼製作蛋白質的過程當中，可能因為稍有延宕而影響clock蛋白的合成。clock蛋白能夠彼此互相支持，形成穩定且固定的節律。雖然這之間的細胞生物學交互影響過程很複雜，卻與機械鐘表的運作模式很類似，而且生理時鐘相當準確。

除此之外，外界環境訊號可以隨時干預細胞的生化作用流程，可以撥快或調慢細胞裡的時鐘。這些訊號，尤其光線對於視網膜黑視蛋白細胞的刺激會影響位於中腦的中央時鐘。不過，身體各器官的活動也會影響中央時鐘。

中腦也會直接傳遞褪黑激素或腎上腺皮質醇等荷爾蒙訊號至全身，命令身體調整內在時鐘。腦部偶爾也會藉由神經刺激傳達時間訊號，組織裡相鄰的細胞也會彼此幫忙調整節律。

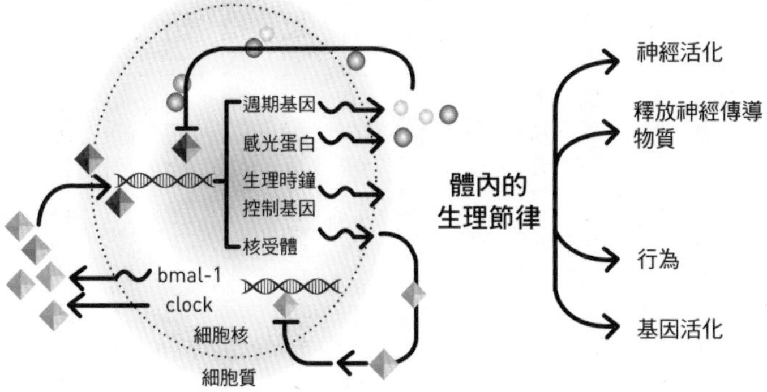

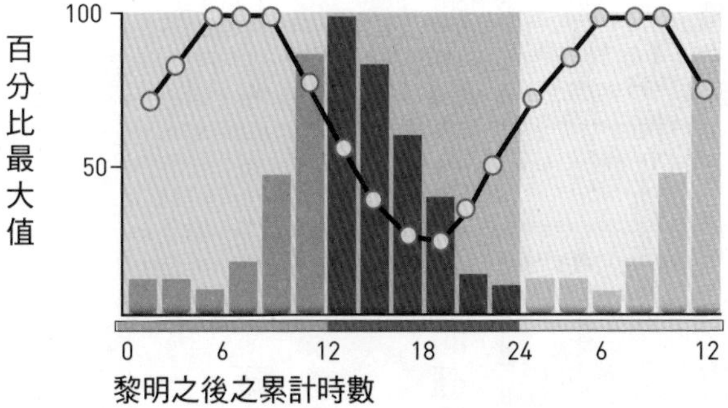

基因裡的週期：呈現細胞內分子生物時鐘運作機制的簡化模型。蛋白質複合物（bmal-1 蛋白及 clock 蛋白）啟動基因活化，但其生成物又會直接抑制 period 蛋白及感光蛋白本身，或抑制 bmal-1 蛋白與 clock 蛋白的生成（核受體 rev-erb-α）。許多其他的基因也會被活化，並做出基因表現。「生物時鐘控制基因」的產物會在身體各處啟動生理節調的程序。下方圖顯示：在一天當中，period 基因的活化變動狀況（線條）以及因而合成之 period 蛋白（長條）數量的變化。目前已知生理時鐘基因共十二條。

但生理時鐘蛋白活化程度的高低並非目的本身，反而更像是分子時鐘的一部分。它們就是細胞內時鐘的指針，亦即：生理時鐘蛋白發號施令、啟動基因表現。假如細胞內某特定生理時鐘蛋白的數量愈多，就有愈多的蛋白質在各細胞或組織與遺傳分子DNA連結，並直接決定當下可從約兩萬三千條基因當中挑選哪些加以利用。

正常情況下，體內各處皆可精確掌握晝夜時間。藉由這個方式，在人體內數兆個微小的細胞核當中，無數的生理時鐘正在滴滴答答走著，確保每天的生活節律有系統的週期循環。

二〇一三年，美國生物學家亞琪教授透過死人的細胞發現晝夜節律的音樂基礎（請參閱第二章）。該項研究清楚顯示：每個細胞的生理時鐘均有專屬的重要任務。為了順應地球不斷重複的晝夜更迭，人類在演化過程中變成了行動式鐘錶店。有些指針朝同方向擺動，有些反方向，另外一些則彼此完全獨立。

和諧協調的週期循環有益人體生理。若能配合晝夜節律，即可讓人常保健康，因為它保證了生理運作的時間能準確地彼此銜接，而生理運作正是人體內的重要基礎。

假如大腦收到休息的訊息，卻同時被要求必須強力集中反應力，請問這有何用？徒然浪費精力罷了。如果肝臟在睡覺前才努力提高血糖值，長期下來只會導致糖尿病！另外，運動員為什麼專門挑選在跟比賽相同的時段裡進行訓練呢？當然是為了想要締造佳績。

至此，本書已介紹了諸多「與時間共生息」的建議，只缺少關於「飲食及運動時間點」的內容。這些時間點會直接影響細胞與器官當中許多生理時鐘基因的活動。倘若運用得宜，亦可協助我們維持平衡的體內晝夜節律。

凡事皆有時

五年前，美國西北大學巴斯教授（Joseph Bass）和他的博士生亞伯樂（Deanna Arble）的實驗室裡飼養著幾隻毫不起眼的小老鼠。牠們什麼都不缺，研究人員對牠們百般呵護，也勤於餵養。仔細觀察便可發現這些老鼠有些過胖，平均體重約三十公克。

夜班實驗室人員則負責照顧第二組老鼠。第二組老鼠的年齡、生活條件、得到的照顧與食物、活躍程度亦與第一組大致相同。兩組老鼠唯一的差別在於進食時間。第一組必須違反自然生理，在白天活動進食；第二組則依照老鼠夜間活動的習性，在晚上進食活動並在白天睡覺。儘管在卡路里攝取及能量消耗方面，兩組的數據都差不多，然而夜間活動組的平均體重卻比日間活動組多出了五公克。這起碼占了老鼠整體體重的五分之一。

這個簡單卻極具開創力的實驗結果並不難猜。可以按照原有生理時鐘活動進食的老鼠明顯善於利用體內能量。白日活動組老鼠卻出現新陳代謝問題，導致體內囤積較多的脂肪。

亞伯樂說：「在不對的時間吃東西，似乎容易讓人變胖。」這項實驗有助於瞭解，為何輪班及夜班工人體重過重的比例較高。「由於工作時段的緣故，這些工人被迫必須在違反身體自然節律的時間裡進食。」這似乎不僅會讓老鼠變胖，也會讓人變胖。

近年後續的動物實驗及人體試驗結果也都證實了這項結論。例如不斷調整生理時鐘且在錯誤時間裡進食，會明顯縮短果蠅及倉鼠的預期壽命。科學界幾乎已達成共識確定：在不當時間點進食、從事體能活動與精神活動，都會破壞人類的身心平衡。

人們早知，生理時鐘紊亂容易導致疾病。致力於生理時鐘研究的美國分子生物學家薩索尼科西教授（Poalo Sassone-Corsi）也說：「一旦體內晝夜節律長期混亂，容易導致糖尿病等新陳代謝疾病。」眾多跡象顯示，在錯誤時間點進食會改變細胞的基因調節作用，導致身體功能失衡、免疫能力降低（請參閱第五章）。

薩索尼科西教授是表觀遺傳學家，專門研究人類基因生化結構的變化，包括基因轉錄以及轉錄之後的調控。這涉及生物學家所謂的細胞記憶力，亦即細胞會儲存相關資訊，知道哪些基因部分可以使用，哪些不能使用。例如進食時間、進食數量、運動時間及運動量等來自外在環境的影響，長期之下會讓人體形成優質的或是不良的細胞記憶，進而導致細胞出現表徵遺傳變化。

依據這項原則，白天裡大吃大喝的老鼠等於「走上歹路」。相反的，如果進食與活動的時間點能夠依循晝夜節律，那麼細胞記憶就可朝向健康正面的方向改變。就算沒有日光這個最強影響因素的介入，依然能夠維持生理時鐘穩定運作。

生物時鐘基因會利用表徵遺傳的開關系統，在細胞裡面上下調控晝夜節律表現的高低循環週期。最先發現這個現象的學者之一，就是薩索尼科西教授。之前已經提過，每個細胞裡面都有許多基因專門負責掌管日間節律活動的高低震盪。表徵遺傳開關的任務，就是負責晝夜節律的生化作用。在此過程中，特定細胞內的特定基因就需要相關的表徵遺傳酶來發揮特定作用。例如：人類多半在白天進食，老鼠則在夜間進食；所以，人類的肝臟會特定在白天時段裡分泌消化酶，老鼠的肝臟則在夜間分泌消化酶。

美國內分泌專家馮丹發現：老鼠習慣在白天睡覺，在其肝臟細胞裡的表徵遺傳酶的組蛋白脫乙醯基酶3（HDAC3）與某特定生理時鐘蛋白（核受體 Rev-erb-α）竟然一起同時關閉一萬四千條基因。而夜間，當老鼠應該活動進食時，生理時鐘蛋白不會進行干預，於是先前被關閉的基因又開始活躍。

在研究實驗中，研究者蓄意干擾，以人為方式關閉該表徵遺傳酶。這項介入導致老鼠的新陳代謝完全陷入混亂。細胞開始在錯誤的時間製造肝臟消化酶，導致老鼠罹患脂肪肝。由此可知，時間生理的調控是維持生物體健康的重要特徵之一。白天裡，人類將脂肪儲存在肝臟，再利用夜間時段加以燃燒。日夜顛倒的生活作息常態會破壞這項肝臟的平衡狀態，並危害人體自身健康。

這個結果讓我們能夠了解，為什麼巴斯教授實驗室裡違反原本生理時鐘進食的老鼠後來會迅速發胖而且變得超重，牠們就是遇到了這個問題。如今研究學者已經了解，在錯誤的時間點進食，不僅會打亂肝臟與脂肪代謝的調節作用，甚至也會影響糖分代謝、脂肪酸合成與膽固醇的分解。

人類與動物在睡眠時段裡都不會攝取食物。禁食這件事，似乎特別有益身體相關機制以利健康平衡。如果破壞老鼠重要器官裡的生理時鐘，牠們的生理運作便會完全失靈。如果胰腺細胞不再依照時間分泌胰島素，身體就會出現糖尿病症狀。而且脂肪細胞的內在時鐘一旦故障，造成的後果就是病態肥胖。

若將這幅圖象轉嫁至日常生活，就可以明瞭在對的時間點裡進食、活動、睡覺是多麼重要。本書最後一章的 Wake up 計畫希望幫助大家自然地「與時間共生息」，最終目的就是希望讓大家都能睡得更充足。

如果能夠「與時間共生息」，人體各器官的生物時鐘測量就可以彼此更加協調，整體的晝夜節律就會變得更強而有力，尤其能使我們身材苗條，體力充沛。在間接效果方面，正確的進食時間點能夠刺激睡眠與清醒節奏的循環，並微幅改善睡眠深度與品質。

周邊生理時鐘

二十世紀初，時間生物學研究進展神速。學者們不僅發現了細胞內生物時鐘的分子生物學基礎，同時也發現縱使以實驗方法隔離器官或細胞，它們仍舊依照相似的晝夜節律繼續運作下去。

於是誕生了「周邊生理時鐘」的概念，亦即除了中央時鐘之外，還存在著周邊生理時鐘。基本上，後者完全獨立，憑藉自身的時間感來運作。周邊生理時鐘存在於肝臟、脂肪、腸道、肌肉、腎臟與胰腺之中。在人體裡面，它們其實無所不在。

周邊生理時鐘負責開啟器官的運作過程。肝臟與胰腺透過自己的周邊生理時鐘來控制血液中的血糖濃度；脂肪組織的周邊生理時鐘能夠控制我們的胃口；肌肉組織的周邊生理時鐘則專司儲備能量的調節以及能量的轉換；腎臟的周邊生理時鐘則會影響血壓以及膀胱填充尿液的速度（例如讓人在夜間不需要起床上廁所）。

能派上用場的時候，周邊生物時鐘就會開始行動。打完網球，吃烤肉配飲料，然後讓身體消化一下，並且打個小盹。這些活動會改變好幾組周邊生理時鐘的節奏。「恰如其時」的行動有助於強化、轉弱或延遲晝夜節律的週期變化。

例如進食時間會改變腸道中周邊生物時鐘基因的活動。如果用餐時間固定，消化器官便可為即將到來的繁重消化工作預做準備。除此之外，外在環境裡晝夜光線的變化也會持續傳送至中央時鐘，以調整中央時鐘的時間感，再由中央時鐘傳遞時間訊號給各器官的生物時鐘。

本書前七章的重點是：充分的睡眠，與中央時鐘的晝夜節律一致的作息，善用日光做為生物時鐘的依據，適當的休息。如此不僅能夠強化生理時鐘，鞏固荷爾蒙系統，維持恰當的睡眠及清醒節律，更有助於協助身體器官執行複雜任務，維護其時間感。同時，亦可維護人體健康。

另外，我想延伸說明一點：人體生理並非單行道。所有體內的生理過程皆處於封閉的週期循環之內。器官反應不僅其來有自，也會反饋給腦部以及荷爾蒙分泌系統。

大腦透過生理反饋來管控一切運作正常，緊急狀況時則發送修正訊號。基於這項理由，周邊生物時鐘也可能修正中央時鐘的速度及強度。我們的生活作息如果違反自然的晝夜節律，便會打亂周邊生物時鐘的節律，進而癱瘓全身的生物時鐘。

在美國達拉斯霍華德．修斯醫學研究所（Howard Hughes Medical Institute）任職的神經生物學家高橋教授（Joseph Takahashi）於二〇一〇年發現：「運作良好的周邊生物時鐘，有助於體內的新陳代謝作用與外在環境要求呈現同步化的和諧。」高橋教授在《科學》期刊上寫道：「對健康而言，這非常重要。」

這位專家認為，自然的白晝光線支配著我們的中央生理時鐘，而中央生理時鐘則支配著每個人的疲倦程度、清醒狀態，以及三餐進食時間點。用餐時間、食物的脂肪或碳水化合物含量、禁食與否、運動量、休息量等因素則會影響人體的周邊生物時鐘。

缺乏睡眠、飲食過於油膩、清醒時間過長、夜間運動、胰島素阻抗等新陳代謝障礙，會延遲體內節律或削弱節律強度。特別糟糕的是，一旦體內晝夜節律不正常，便會導致糖尿病及肥胖症等疾病的惡性循環。

這時候，我們可以好好利用手上的好牌，那就是周邊生物時鐘。加上妥善規劃作息活動時間表，即可大幅改善血糖、血脂與三酸甘油酯等代謝症候群檢查值。

只有短視近利者才會白白錯失此良機。

選對進食時間點

晚上去健身房鍛鍊，下班後去公園踢足球，然後再吃頓豐盛宵夜搭配高卡路里的啤酒。有些人藉口談公事，每晚聚餐吃進一堆脂肪及酒精。有些人則輪班工作，或是職業空中飛人。現代人的生活方式擾亂了生理時鐘裡面的許多小齒輪。

只要不是常態，這些都不算糟糕。不過如果平時上床時間規律、睡眠充足，也常接觸日光，但用餐及運動時間不正確，亦會造成身體沉重負擔，導致內在生理時鐘無法與自然節律同步。

對於周邊生物時鐘而言，白晝自然光以及中腦不具影響力。有些動物的中央時鐘雖然沒有功能，但只要在固定時間點接受餵食，亦可鍛鍊出特定的時間節律感。視網膜上面沒有黑視蛋白細胞的視障者依然能夠擁有健全的生理節律。為什麼呢？推測是由三餐進食時間點取代了黑視蛋白的任務。失眠者在睡前服用褪黑激素藥物，也是基於相似的原因。

柏林時間生物學家克拉默教授（Achim Kramer）表示：「在對的時間點用餐，或許有助於強化生理時鐘的振幅。」出差時，他偶爾會利用這個方法：「如果只是飛到舊金山四天，我會選擇在晚上吃『午餐』，完全不去調整自己的周邊生理時鐘。」運動時間點亦可營造類似的效果。如此說來，去美國短期出差時最好在夜間使用飯店的健身房。

如果打算在加州停留久一點，希望儘快調整生理時鐘，便應該迅速配合當地運動及用餐時間的習慣。我之前造訪舊金山，每日早晨慢跑，接著好好享受早餐。這樣的做法果真有效，誠如克拉默教授所言，強烈的外在訊號同時刺激著中央時鐘及周邊生物時鐘，整個生活作息很快就調整過來。

這個原理放諸天下皆準。如果目的不在於調整生理時鐘，而在於同步化及強化內在晝夜節律，那麼就必須規律進食與運動，尤其是選在同一時間點進行。其餘時間最多只准攝取低卡零食。最好憑直覺訂定時間計劃，傾聽肚子的飢餓感，畢竟這與個人的晝夜節律類型有關。

假如你家的青少年早餐沒有胃口，這是再正常不過的現象。請不要因此折磨他，因為青少年的生理時鐘走得特別晚，早餐或許只需要一片吐司墊墊肚子。等到十點鐘的休息時間，他可能就吃得下豐盛的豬排三明治，因為屆時青少年腸胃的生物時鐘指針或許就走到和成年人早餐時的相同位置了。

吃飽喝足後，肝臟即有所感受。蘇黎世大學分子生物學教授霍提格博士（Michael Hottiger）專門研究食物對肝臟生理時鐘的影響。他表示：「在新陳代謝以及器官的周邊生理時鐘之間，可能同時存在著好幾個直接關聯。」而且代謝產物會「直接影響許多酵素的活性」。進食或禁食會造成例如輔受質脫氫酶（NAD+）與乙醯輔酶 A（Acetyl-CoA）等新陳代謝產物濃度的劇烈變化，而這些又會影響許多酵素的生物時鐘。

根據霍提格教授的理論，早上曬太陽做日光浴之前先吃一頓豐盛的早餐，午餐再大快朵頤一番，如此即可協助身體達成理想的生理節律。反之，如果晚上很晚還吃下一大盤麵或其他碳水化合物當消夜，就會延後人體內在的晝夜節律，「因為肝臟會覺得當下還是大白天」。

如果未來幾天不上夜班、不搭機朝西遠行，大量攝取宵夜就不是個好主意。

選對時間點用餐或許還有助減肥！二〇一三年，哈佛大學歇爾副教授（Frank Scheer）的研究團隊觀察四百二十位正在執行節食減重計畫的西班牙人。儘管參加者的餐食數量、運動量與睡眠長度都很相似，但是下午三點後不再進食的那一組減重特別快，並且不復胖。

在另一項研究中，歇爾博士嘗試了幾乎不可能的任務。他嚴格記錄十二位受試者在實驗室裡十三天的作息生活。實驗期間完全沒有其他時間感指標，純粹按照個人的食慾節律來生活，並接受隔離觀察。同時，不論外面是白晝或黑夜，室內永遠是稍微調暗的燈光。受試者固定在較短的時間間隔裡睡覺、活動、吃點心。

他表示：「到實驗最後，全數受試者很平均地在白晝與黑夜裡進行活動與進食。」而且這些行為完全和生理時鐘脫鉤。自然光或前次用餐時間點等影響因子，也不再影響受試者食慾。直覺的內在時間感操控著受試者；他們在早上八點的食慾最小，最想吃東西的時間是晚間八點。

由此可見，平常早上覺得肚子餓，主要是因為夜間睡眠並未進食，而非受到周邊生理時鐘的影響。但晚間飢腸轆轆的原因就徹底相反了，應該是直接受到腸胃器官生理時鐘所控制。從演化角度來看，這種機制有助於遠古人類未雨綢繆，替即將到來的禁食時段儲存重要能量。然而現代人類冰箱庫滿為患，這絕對是導致過胖的風險因子。

同時，現代生活方式不僅讓人延至深夜才感到睏倦，連食慾的生理時鐘都往後延遲了。

由衷建議大家，讓周邊生物時鐘重新向前挪回石器時代吧！

Wake up! 計畫8：早上顧能量，晚上顧老本

數十年來，已開發國家的人民已斗膽進行了一場大規模的自我實驗，後果未知。全天候的人造光線、上班久坐、飲食過量與媒體消費，在在剝奪了現代人接近大自然節律時鐘的機會，而且我們的用餐及活動時間也早就擺脫了晝夜更迭的管轄。

美國賓夕法尼亞大學的醫學及遺傳學教授拉薩博士（Mitch Lazar），同時也是發現生物時鐘基因核受體 Rev-erb-α 的學者。他相當確信，人類能透過符合自然的生活作息節奏來保持健康。他說：「否則大自然為什麼要把生物節律和地球自轉的規律如此緊密地連結在一起呢？」

最後一項的 Wake up! 計畫慎重呼籲大家：為了健康、工作效率與幸福感，應該重新規劃自己的作息以配合大自然的晝夜節律循環。

❖ 對於器官的周邊生物時鐘而言，用餐時間點顯得特別重要。蘇黎世大學霍提格教授認為：「享受豐富的早餐及午餐、晚餐減量、更晚或深夜禁食，這樣的飲食習慣最合乎自然晝夜節律。」這樣的做法還有額外的好處，就是能夠幫助人體燃燒卡路里，輕鬆維持體重，不復胖。並且努力在夜間時段拒絕巧克力、洋芋片或糖果的誘惑；一段時日之後，這類食慾就會自然消失。

❖ 三餐膳食安排也是關鍵：從時間生物學角度，人類應該減少攝取脂肪，並在晚間減少攝取碳水化合物。如此即可向周邊生物時鐘傳遞正向訊息，督促它們提早並高效運作。

❖肥胖及胰島素阻抗（罹患第二型糖尿病之前的階段）會讓生理時鐘節律大幅紊亂。即使忠言傷人，也建議大家切勿攝取過多甜食，減少飲用碳酸飲料，避免體重增加，務必將「身體質量指數」（BMI：體重公斤數除以身高平方公尺數）維持在三十以下。

❖應當多多運動，但必須留意運動的時間點：早上運動有助於協助周邊生物時鐘發揮功能，夜間運動則會造成反效果。你有起床氣嗎？最好的方法就是勉強自己早起運動；不需要太多時日，起床這件事就會變得容易多了。

❖運動員必須懂得利用肌肉的周邊生物時鐘。很簡單，請先確定下次的競賽時段，然後在平日同時段加強訓練。

❖在此特別提醒大家，絕對不要將 Wake up! 計畫過於教條化，只是一味死板遵守。生理時鐘其實很有彈性，偶爾「破功」沒關係，只要不變成常態，生理時鐘能夠容忍我們小小放縱一下自己。

結語
重現的時光

超乎時間之外

（睡眠是）只有當我處於現在與過去交會之時，在此獨一無二的生命領域中，我能夠享有事物的精華，生命得以顯現，這是超乎時間之外的。

——普魯斯特《追憶似水年華》

現代人的心境恰似普魯斯特世紀小說《追憶似水年華》裡以第一人稱自敘的男主角馬塞爾。他人生大部分的時光裡都籠罩著令人喘不過氣來的壓力與鬱悶、新時代的複雜詭譎令人難以招架、受困其中而無法脫身的感覺，或因夢想過高而無法達成人生目標……就這麼，在無意義的生存中苦苦煎熬。

儘管這部小說的第一卷已於一九一三年出版，這些問題卻顯得依然迫切。

這些生存議題在第二主角斯萬的身上表現得最為淋漓盡致。他簡直就是現代人的「原型」。他原本夢想著創作出一部永垂千古的作品，但是這個人生目標卻在日常生活的紛亂中徹底煙消雲散。

然而，這兩位主角之間相當關鍵的差別是，馬塞爾喜歡睡覺。他在小說中的第一句話便是：「很久以來，我都早早上床睡覺。」其後又說：「在睡夢中，彷彿可以掙脫光陰的流逝、不顧時代的準則及世界的規範。」這個奇特的似夢似醒的過渡領域，是他汲取能量與創造力的源頭。在這個領域裡，時間感消失了，讓他恐慌的認為他似乎失去了時間。

事實上，這是大作家普魯斯特所謂的「超乎時間之外」的時刻。在這當下，人們已無法分辨，什麼是現在，什麼是回憶，什麼又是睡夢與清醒交會之際在大腦深處所形成的全新聯想。這些當下與時間毫無關聯。

《追憶似水年華》是一部回憶之書。書中許多的意識流記錄，似乎都發生在書中人物上床歇息、半睡半醒等超乎時間之外的時刻。符萊堡文學教授克林凱特博士（Thomas Klinkert）指出，《追憶似水年華》書中的男主角一再重複提及他自己「對於睡眠的想法，以及連帶的意識狀態轉換」。這甚至是該書主角的「敘事核心」。

畢竟，這部小說洋洋灑灑四千頁，最初的目的就在於找出人類與時間及睡眠兩者之間最本能、自然及直接的關聯。雖然目前絕大多數人都忽略了這項事實，不過這位偉大的小說家很顯然早在一百多年前就已經明瞭：自然且直覺的時間感能賦予人生幸福喜悅的深度，而這種幸福感源自於充足的睡眠。

在這部小說最後一卷〈重現的時光〉當中，男主角放棄去抵抗時間的無意義人生，並回到伴隨著時間的人生。白髮蒼蒼的他，任憑逝水年華飛掠而過，並開始撰寫自己的回憶。因為他掙脫了社會規範的主流時間軸線，並且自主決定著自己的生活節奏，於是才能夠讓時光「重現」。

就這樣，他找回自己的本能，成功創作出一部乍讀之下看似荒謬的藝術作品。正因遺忘了時間，方能重新拾回時間感。

這本小說當中的絕妙逆轉依然適用於今日。我們每個人都應該努力去忽略社會對我們的時間規範，以便回歸屬於個人的時間感。你我首先必須重新去覺察自己的時間生物需求，然後透過與大自然同步來校正個人體內的生理時鐘，進而擺脫許多枷鎖。

如何才能做到呢？關鍵方法便在於充足的休息睡眠。小說家普魯斯特也體認到了這一點，他認為：幸福的社會在於人人樂於早早就寢，早晨能夠賴賴床，睡眠充足，經常能打個舒服的小盹，以及不積欠大量的睡眠債。

在日常生活中，許多當代藝術家、作家及劇場創作者都選擇盡量依循個人生理節奏，而且也不刻意設定鬧鐘。他們創意的來源就在於充足的睡眠。據說，歷史上如愛因斯坦或歌德等創意天才向來皆相當重視充足的睡眠，以及個人化的生活步調。

Wake up! 大師計畫：八點計畫打造睡眠充足的社會

1. 白天多至戶外走動。明亮的日光能強化你的內在生理節律，使你在白晝更有活力、工作效率更高；夜間睡得更好、更深沉。員工應要求在工作時段中加入休息時間，以便散步或做日光浴。室內加裝照明設備亦有幫助。

2. 避免在夜間接觸到明亮的光源。夜間照明亮度過高、長時間看電腦螢幕或智慧手機都會導致生理疲倦感延遲出現，進而干擾入睡。就寢前一小時，宜禁止閱讀電子郵件或玩電腦遊戲。

3. 多留意個人內在的晝夜節律類型。若能更有效運用個人的生理節律類型，整個社會都將受益。企業主應依照員工的內在節律類型來安排工作時段，例如雲雀型者及傾向於雲雀者，可以早上開始上班；但是貓頭鷹型和傾向於貓頭鷹型者的工作時間則應從中午才開始。

4. 廢除夏令時間！應當徹底消除所有的睡眠強盜。夜間電視裡的犯罪影片、晚飯後濃烈的咖啡、過多的酒精、長時間的加班、全天候的營業時間等等，都會對睡眠造成危害並連帶影響工作效率。基於國民經濟觀點，尤其應該廢止夏令時間制度，因為它剝奪了三分之二國民寶貴的睡眠時間，而且持續長達七個月之久。

5. **改革輪班制及夜班制**。只在無可避免的情形下允許實施夜班制。排班計畫應當配合員工的生理節律類型。員工不得連續工作超過二十四小時，只能在兩班制之間換班。員工在換班或跨越多時區的出差旅行之後，必須得到較長的休假。

6. **學校必須延後課堂開始時間**。青少年比成年人需要更多睡眠。出於生理因素，青少年的夜間疲倦感來得遲，早上就醒得晚。因此，呼籲學校延後課堂開始時間，例如小學生的第一堂時間不應早於上午八點半；國中生不應早於九點上第一堂課；高中生應該在十點之後才開始一天的課程。

7. **英雄也需要休息時間**。人們必須學習停下手邊的工作，讓大腦關機一下、小睡一番，或出門散散步。運用此項策略，可培養出既健康又富創造力的員工。他們工作中間的休息次數雖多，卻能在休息之後以更高的效率處理更多的工作。主管應當以身作則引領這個趨勢。企業可透過能量小睡講座課程和設立休息室等措施，來支持「創意休息」制度。

8. 規律的用餐時間。應當固定三餐時間，這樣做有助於支持體內的生理節奏，維持身體健康、身材苗條、提高工作效率，或許還可促進睡眠。尤其應該在白天運動。早晨起床不易者，最好在上午運動。

擁護新時間文化

撰書之際，我曾親自嘗試執行 Wake up! 計畫。可惜因為家有學齡兒童，無法在週間睡到飽並睡到自然醒。不過一旦孩子出門，我便盡可能去跑步一圈，然後處理家事、購物，或解決一些較不耗神費力的案頭雜務。

接著才開始寫書，或處理其他重要工作。也會定時休息，享受豐盛的午餐，並偶爾小睡一番。進行上述工作並同時安排中間的休息時間，對我而言很輕鬆。等孩子放學或妻子下班回家之後，我會把一些時間分給家人。不過在晚餐之後，我偶爾也會再度埋首書桌。

在週末及假日裡，我們全家會晚點起床，然後在白天多從事戶外活動。晚間適度看看電視或手機，避免過量。至少在週間，我會注意避免太晚上床就寢。

我可以大聲告訴大家，這些生活習慣讓我覺得很舒服。我屬於一般型的晝夜生理節律類型，每天大約需要八小時的睡眠，但在週間無法達成此目標。放假的時候，我最喜歡從凌晨一點睡到上午九點。撰書期間，透過規律的生活作息以及一些時間管理輔助，我覺得自己變得前所未有的精力充沛。

或許你會反駁：「作家先生，你說得很容易。你是自由工作者，可以自行安排自己絕大多數的時間。」的確，你的說法也不無道理。然而，我並非離譜到想強迫大家接受我個人的生活方式。例如受雇員工或學生便無法如此獨立自由安排一天的生活作息。而且雲雀、貓頭鷹、睡眠需求量極大者或較少的人，都會有完全不同的睡眠原則。

但是，我認為大家應當投入一種全新的時間文化，並在個人每一天的生活當中做出改變。並且催促企業主、工會與政府部門將時間生物學及睡眠研究的重要發現與新知納入決策考量。我認為這些相當重要，並希冀透過此書將此觀念傳遞給讀者。

我們生活在全世界最富裕的國家之一，國民平均生活條件與健康狀況極佳，老當益壯的銀髮族愈來愈多，人民教育水準高，休閒時間也不虞匱乏。但是，為什麼我們留給自己的時間那麼少，能分給家人與朋友的時間也不多？甚至連擁有符合本能的睡眠時間及活動時間，都成為極大的奢侈呢？

至少我們應該換個方向思考，不要光想著投資股票或是購買新車，也應該想想如何才能讓自己睡眠充足，並投身全新的時間文化當中。

本書總共提出八項 Wake up! 計畫。如果你沒時間閱讀整本書，請至少翻閱一下各章最後一節提及的具體建議。的確，書中許多訴求都需要花錢，甚至需要耗費時間，而且每個人心中的怠惰蟲也會覺得常被點名。

然而，這些想法與訴求值得大家嚴肅看待並加以討論。它們都是以最新的學術研究結果為基礎。在既有理論未被推翻之前，它們應該是相當不錯的討論素材。本書前言曾提出一項核心訊息，容我在此再次強調，並要求讀者們踏出勇敢的第一步。請大家一起行動，共同邁向睡眠充足的社會吧！

這個題目非常夯。愈來愈多學校開始考慮延後第一堂課的開始時間，有些地方又恢復了九年中學制度，許多黨派與政治人物紛紛要求廢除夏令時間，大型企業開始推行新的輪班計畫，並設置休息室及嘗試遠端居家辦公等實驗，歐盟委員會也投入大量經費研發新科技，提升住家及辦公室的日光照明。

德國聯邦家庭事務部施維斯格部長（Manuela Schwesig）以及工商協會會史懷哲會長（Eric Schweitzer）公開支持每週工時三十五小時的新制度。瑞典哥德堡現正展開一項行動研究，在不減薪的前提之下，哥德堡市政府的二十至三十名員工每週工作三十小時。市議員皮爾黑姆（Mats Pilhelm）希望透過這項研究來證明：縮短工時有助於樽節人事成本。因為他認為，這項制度不僅能夠降低員工病假率，並且能夠提高工作效率。這些經驗來自下列兩家公司：

根據德國《明鏡週刊》記者萊澤（Niels Reise）的報導，挪威大型乳製品公司緹娜（Tine）實施每日工時六小時且維持原薪的制度已經七年；瑞典哥德堡某大汽車經銷公司則從十一年前就開始實施這項制度。兩家企業的員工病假日數皆顯著減少。緹娜公司的馬丁森總裁（Henning Martinsen）不久前公布了極其正面的總結：「為了平衡人事成本，員工工作效率必須至少成長百分之二十。事實上，實施此項制度之後，員工工作效率甚至提升了百分之五十。」

不久前，美國科學家進行了火星探測模擬。這項為期七個月的實驗當中很重要的一部分就是抽離自然界的時間線索。實驗才進行不久，六位受試者就出現晝夜節律障礙、活動力減弱及體力衰退現象。最後，他們全都如同被催眠一般。該計畫主持人，睡眠學家丁格斯教授（David Dinges）因此做出結論：火星探索之旅如果有朝一日真的成行，太空人在飛行期間必須繼續遵循地球上的二十四小時晝夜節律。換言之，他們必須在適當時段裡充足睡眠，並在清醒期間擁有足夠的活動。

或許，你我目前的生活作息情況就像是在火星探測之旅的太空艙裡面。乍看之下一切完美，我們的食物充足，醫療照護頂級，也有消遣活動。但是，喪失了時間感。

德國時間生物學家坎特曼教授（Thomas Kantermann）提出一個構想，計畫在溫泉聖地巴特基辛根（Bad Kissingen）建立一個綠洲，讓人在那裡補眠且睡到飽。這個所謂的「生理時鐘之城」將是地球上第一個會將全體住民的生理時鐘需求納入考量的地方。親愛的讀者，現在的你應該很清楚他的目標吧？的確，坎特曼教授認為：「想替我們的社會找到出路，唯一的方法就是滿懷誠意與敬意去處理我們的睡眠及生理時鐘議題。因此，我們認為有必要以巴特基辛根綠洲為基礎，來研究社會對於生理時鐘的全盤影響，以便找出創新的解決辦法。我們的目標是打造一個睡眠充足的社會。」

我認為這才叫做現代新思維。

如此說來，我們正走在正確的道路上，朝著目標前進。而且我們並不孤單。大家一起來抵抗鬧鐘、下課鈴和打卡鐘這些可悲的強迫吧！讓我們醒悟過來，並「與時間共生息」。

謝誌

若非有這麼多幫手、聽眾、鼓勵者、幕後推手、酸民、試讀者、構想提供者、研究學者、專訪及討論夥伴等等，單靠我一人絕對無法完成此書。謹此，對大家獻上最誠摯的謝意：Mathias Basner, Joachim Bauer, Jan Born, Christian Cajochen, Ingo Fietze, Franka Fietze, Susanne Fietze, Tilman Frischling, Michael Hottinger, Oskar Jenni, Achim Kramer, Dieter Kunz, Tilmann Müller, Mirjam Münch, Dieter Riemann, Till Roenneberg, Walter Schmidt, Michael Schulte-Markwort, Bernd Sprenger, Brigitte Steger, Matthias Taube, Ulrich Voderholzer, Christian Weymayr, Anna Wirz-Justice, Jürgen Zulley。

最後還要特別感謝 Hanna Leitgeb 以及 Christian Koth。與你們兩位攜手合作完成此書，真是與有榮焉。

圖片索引

第 74 頁依照：A. Wahnschaffe et al.: International Journal of Molecular Sciences 14 (2013), S. 2573-2589.

第 96 與 99 頁：Till Roenneberg, LMU München.

第 126 與 139 頁：National Sleep Foundation, Arlington, USA: 2013 International Bedroom Poll.

第 159 頁根據以下來源調整：J. C. Dunlap, J. J. Loros & P. J. De-Coursey: Chronobiology, Sinauer Sunderland, 2004 (S. 75).

第 193 頁依據 T. Roenneberg et al.: Current Biology 22 (2012), S. 939-943.

第 217 頁取自 Peter Spork: Das Schlafbuch, c Rowohlt 2007.

第 239 頁依據 M. H. Hastings et al.: Nature Reviews Neurosciences 4 (2003), S. 649-661, 取自 Peter Spork: Das Uhrwerk der Natur,c Rowohlt 2004.

國家圖書館出版品預行編目資料

醒來！時間生物學教你得到優質生活與睡眠 / 彼得．史波克（Peter Spork）著 ; 呂以榮 , 李雪媛譯 . -- 初版 . -- 臺北市 : 商周出版 : 家庭傳媒城邦分公司發行 , 2019.09
面 ; 公分 . -- (Live & learn ; 56)
譯自 : Wake up! Aufbruch in eine ausgeschlafene Gesellschaft

ISBN 978-986-477-718-1(平裝)

1. 睡眠生理 2. 健康法

397.2 108013874

醒來！時間生物學教你得到優質生活與睡眠

Wake up!: Aufbruch in eine ausgeschlafene Gesellschaft

作　　者／彼得．史波克（Peter Spork）
譯　　者／呂以榮、李雪媛
企劃選書／程鳳儀
責任編輯／余筱嵐

版　　權／林心紅、翁靜如
行銷業務／王瑜、林秀津、周佑潔
總 編 輯／程鳳儀
總 經 理／彭之琬
發 行 人／何飛鵬
法律顧問／元禾法律事務所　王子文律師
出　　版／商周出版
台北市 104 民生東路二段 141 號 9 樓
電話：(02) 25007008　傳真：(02)25007759
E-mail：bwp.service@cite.com.tw
Blog：http://bwp25007008.pixnet.net/blog
發　　行／英屬蓋曼群島商家庭傳媒股份有限公司 城邦分公司
台北市中山區民生東路二段 141 號 2 樓
書虫客服服務專線：02-25007718；25007719
服務時間：週一至週五上午 09:30-12:00；下午 13:30-17:00
24 小時傳真專線：02-25001990；25001991
劃撥帳號：19863813；戶名：書虫股份有限公司
讀者服務信箱：service@readingclub.com.tw
城邦讀書花園：www.cite.com.tw
香港發行所／城邦（香港）出版集團有限公司
香港灣仔駱克道 193 號東超商業中心 1 樓；E-mail：hkcite@biznetvigator.com
電話：(852) 25086231　傳真：(852) 25789337
馬新發行所／城邦（馬新）出版集團 Cite (M) Sdn. Bhd.
41, Jalan Radin Anum, Bandar Baru Sri Petaling, 57000 Kuala Lumpur, Malaysia.
Tel: (603) 90578822　Fax: (603) 90576622　Email: cite@cite.com.my

封面設計／李東記
圖　　表／張瀅渝
排　　版／極翔企業有限公司
印　　刷／韋懋印刷事業有限公司
總 經 銷／高見文化行銷股份有限公司　新北市樹林區佳園路二段 70-1 號
電話：(02)2668-9005　傳真：(02)2668-9790　客服專線：0800-055-365

■ 2019 年 9 月 12 日初版
定價 360 元

Printed in Taiwan

城邦讀書花園
www.cite.com.tw

 ISBN 978-986-477-718-1